DER STILLE RAUB

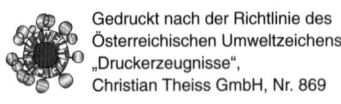
Gedruckt nach der Richtlinie des
Österreichischen Umweltzeichens
„Druckerzeugnisse",
Christian Theiss GmbH, Nr. 869

MIX
Papier aus verantwor-
tungsvollen Quellen
FSC® C012536

Gerald Hörhan: Der stille Raub

Cover: JaeHee Lee
Gestaltung: Lucas Reisigl
Lektorat: Lena Schulze Frenking

Gesetzt in der Premiera
Gedruckt in Österreich

1 2 3 4 5 — 20 19 18 17

ISBN 978-3-99001-212-3

10/19

Sehr gut !

Gerald Hörhan

DER STILLE RAUB

Wie das Internet die Mittelschicht
zerstört und was Gewinner der
digitalen Revolution anders machen

edition a

INHALT

MILCHGESICHTER IN BUSINESS-JETS

Das Seminar hieß *Business Mastery*, dauerte fünf Tage und fand im Januar 2014 in Palm Beach, Florida, statt. Die Teilnahme kostete 10.000 Euro, aber Luxus boten die Veranstalter nicht. Ich hatte stets eine Jacke dabei, um mir in der zu stark gekühlten Halle keine Erkältung zu holen, und das Essen war typisch amerikanisch: fettige Double-Burger, Nachos und übelriechende Pizzen. Am ersten Tag kaufte ich deswegen am Obststand vor der Halle zur Freude des Verkäufers alle Bananen auf, für drei Dollar das Stück.

Es war ein Seminar von Anthony Robbins, einem amerikanischen Bestsellerautor und NLP-Trainer. Als Berater war er für prominente Politiker wie Bill Clinton und Profisportler, unter anderem Andre Agassi, tätig. Freunde und Kollegen hatten ihn mir als weltweit bekanntesten Mann seines Fachgebiets empfohlen, weshalb ich wissen wollte, was er zu sagen hatte.

Robbins spricht bei seinen Vorträgen unter anderem darüber, dass viele Menschen ihre Träume ihren Lebensumständen anpassen würden, weil sie Angst vor Enttäuschungen und Kummer hätten. Tatsächlich verlaufe der Weg zum Erfolg aber genau umgekehrt. Wer aufsteigen wolle, müsse seine Lebensumstände seinen Träumen anpassen und so seine inneren Kräfte befreien.

Ich hörte diese Dinge gerne, weil sie mich bestärkten und inspirierten, neu waren sie für mich allerdings nicht. Ich habe mich selbst als Kind der Mittelschicht von deren Denkmustern befreit und bin dadurch aufgestiegen. Deshalb wählte ich ein Robbins-Seminar mit konkreterem Inhalt. Es ging darum, wie aus kleinen Unternehmen große werden. Nur ein Hundertstel aller Unternehmen setzt mehr als fünf Millionen Dollar im Jahr um, aber das muss nicht so sein, lautete die Ansage.

Robbins hielt nicht alle Vorträge selbst. Es gab Gastredner, deren Namen ich noch nie gehört hatte. Einer von ihnen, ein Mann mit Südstaatenakzent, erklärte uns am Beispiel der Hotellerie, wie wichtig das Internet für das Wachstum eines Unternehmens sei.

Hotels einer Preisklasse würden in Sachen Lage, Zimmerausstattung und Services ungefähr das Gleiche anbieten, erklärte der Vortragende. Dennoch verdienten manche von ihnen mehr als andere, und das liege an derem digitalen Auftritt.

Ich bin seit zehn Jahren im Hotelgeschäft als Investmentbanker tätig und kenne die Branche deshalb gut.

»Warum macht ein Hotel Nacht für Nacht um 15 bis 20 Prozent mehr Umsatz als ein anderes, obwohl beide das Gleiche anbieten, die gleichen Zimmerpreise verlangen und sogar die Auslastung vergleichbar ist?«, fragte der Redner. Er zeigte uns die digitalen Auftritte verschiedener Ketten der gehobenen Kategorie. Bei Marriott oder Hilton bestanden die Internetseiten vor allem aus Fotos von Zimmern, die hübsch eingerichtet waren, aber doch nur das Erwartbare boten.

Er führte uns vor, wie umständlich das Buchen eines Zimmers bei manchen dieser Unternehmen war: Das Buchungssystem leitete von Seite zu Seite weiter und verlangte trotzdem immer wieder die gleichen Informationen.

Als Nächstes präsentierte er uns den digitalen Auftritt eines Hotels in der Karibik, dessen Seite einfach zu bedienen war und einen gewissen Wow-Effekt auf den Besucher hatte. Sie rief nicht nur: »Ich bin ein Hotel, bitte buche mich«. Sie zeigte Impressionen von der umliegenden Landschaft und bot einen Blog mit Berichten über das Hotel, über regionale Gerichte und interessante Ausflugsziele. Wie ein Reiseführer stellte sie eine Anleitung zum Erleben der Region bereit.

Dieses Hotel hatte 99 Prozent Auslastung im Vergleich zu 60 bis 70 Prozent bei vergleichbaren Hotels. Es war für zehn Prozent der Besucher der Region verantwortlich und stiftet damit einen Wert.

Außerdem war es unabhängig von Buchungsmaschinen wie booking.com, excite.com oder hotels.com. So zahlte sich der gute Internetauftritt für das Hotel aus, denn bei einer

Direktbuchung bleibt den Hotels der ganze Bruttoumsatz, während ihnen die Buchungsplattformen 15 bis 25 Prozent davon abnehmen.

Die Botschaft des Redners im Anthony-Robbins-Seminar lautete: Unternehmen, egal welcher Branche, die rechtzeitig die Bedeutung der laufenden Digitalisierung der Wirtschaft erkennen, gewinnen, die anderen hingegen verlieren. Der Prozess sei im vollen Gange, berichtete er, nur würden viele das noch nicht sehen.

Die Branchen, in denen ich arbeite – Investmentbanking, Immobilien und Corporate-Finance-Beratung – sind wie die Hotellerie klassische Old Economy, hatte ich lange gedacht. Technologie war mir deshalb immer egal gewesen. Ich hatte nie verstanden, warum sich Menschen stundenlang für ein neues iPhone anstellten, das vielleicht etwas dünner und etwas schneller als das Vorgängermodell war.

Mir hatte es gereicht, wenn ich meine Stereoanlage und mein Navigationssystem bedienen und mit meinem Handy E-Mails und SMS-Nachrichten schreiben konnte. Was darüber hinausging, hatte mich ein wenig genervt. Das gesamte Internet hatte mich ein wenig genervt. Ich hatte es für überbewertet und die sozialen Medien für eine Modeerscheinung gehalten. Ich hatte diese Dinge stets meinen Mitarbeitern überlassen.

Doch während dieses Seminars in Palm Beach, bei dem ich nichts anderes tat, als mich mit der Zukunft zu beschäftigen, fing ich zu zweifeln an. Was, wenn ich eine entscheidende Entwicklung übersah, genau wie all die anderen Unternehmer, Manager und Angestellten, die sich in ihrer alten Welt für unschlagbar hielten und sich gerade zu Verlierern entwickelten?

Mir fielen Hinweise darauf ein, die ich bisher ignoriert hatte. So erreichten mich wegen meiner Bücher über Geld und Erfolg laufend Anfragen über Facebook, aus denen sich häufig Geschäftsbeziehungen und Freundschaften entwickelten. Gleichzeitig fiel mir eine Reihe junger Internet-Nerds ein, die Millionen verdienten und durch die Welt jetteten. Da Geldverdienen schon immer meine Lieblingsbeschäftigung gewesen war, hatte ich mich bereits gefragt, wo genau sie das Geld herhatten. Wie machten diese Milchgesichter ihre Vermögen?

Mit dem Aufstieg von Firmen wie YouTube, Facebook, WhatsApp, Instagram und Snapchat hatten noch halbe Kinder die großen Bühnen der Wirtschaft betreten – und nicht nur der Wirtschaft. Chris Hughes, einer der Mitbegründer von Facebook und mehrere Jahre Sprecher dieser Firma, war 2007 ins Wahlkampfmanagement Barack Obamas gewechselt. Er war maßgeblich für den ersten Wahlsieg Obamas verantwortlich, bei dem die sozialen Medien eine bedeutende Rolle gespielt hatten. Hughes war damals gerade einmal 25 Jahre alt gewesen, und seine blonde Bubenfrisur hatte ihm in die blasse Stirn gehangen. Doch er hatte bereits über ein Vermögen von rund 450 Millionen Dollar verfügt und in den obersten Machtzirkeln mitgemischt.

Ich selbst hatte kurz vor dem Seminar mit einem 24 Jahre alten Unternehmer zu tun, der sich bei mir nach Anlagestrategien erkundigt hatte. Er war stets in zerrissene Jeans und alte Pullover gekleidet, doch er fuhr einen nagelneuen Jaguar F-Type mit 500 PS, und als ich ihn fragte, wie viel er anlegen wolle, gab er 3,5 Millionen Euro an.

Er hatte mit 16 zu programmieren begonnen, mit Domains gehandelt, Werbeplätze verkauft und war diversen anderen digitalen Geschäftsmodellen nachgegangen. Er machte das inzwischen acht Jahre lang, was in dieser Branche eine kleine Ewigkeit ist, und kannte sich in einer Welt aus, zu der ich keinen Zugang hatte.

Ich war Mitte 30 und hatte nach meinen Studien der angewandten Mathematik und der Betriebswirtschaft auch schon einiges erreicht Ich besaß knapp 200 Wohnungen, vor allem in Frankfurt, und Vermögenswerte wie Aktien, die mir ein passives Einkommen ermöglichten. Ich hätte nicht mehr arbeiten müssen, um ein gutes Leben zu führen, aber ich arbeitete gerne, was meinen Besitz weiter mehrte. Ich hatte Ziele, zu denen – neben der Anschaffung eines kleinen Privatflugzeugs und einiger anderer Spielsachen – die Gründung einer privaten Wirtschaftsuniversität gehörte. Ich führte dabei ein gutes Leben. Ich ging gern auf Partys und machte an schönen Orten wie Miami oder Gstaad Urlaub.

Doch wenn mich diese kaum der Pubertät entwachsenen Nerds, die jeder Türsteher eines Nachtclubs abgewiesen oder nach ihrem Ausweis gefragt hätte, locker mit mir mithalten oder mich sogar überholen konnten, stimmte etwas nicht. Der Typ da vorne auf der Bühne hat recht, dachte ich. Wenn sogar eine altmodische Branche wie die Hotellerie so unmittelbar von der Digitalisierung betroffen ist, muss auch ich mich damit beschäftigen.

Ich machte mir von nun an Notizen, während der Mann auf der Bühne weitersprach. »Der größte Konkurrent eines jeden Hotels wird in Zukunft kein Hotel mehr sein, sondern eine digitale Plattform«, sagte er. »Einige von Ihnen kennen sie vielleicht. Sie vermittelt Unterkünfte in Privatwohnungen an Reisende und heißt Airbnb.«

Ich hatte mit den Managern mehrerer Hotelketten bereits über Airbnb gesprochen. »Was soll der Blödsinn? Das ist illegal und wird früher oder später verboten werden«, war damals ihr Tenor gewesen. Ich dachte ähnlich über Airbnb. Doch nun belehrte mich der Redner eines Besseren. »Airbnb wird in absehbarer Zeit mehr wert sein als die größten Hotelketten der Welt zusammen«, erklärte er. »Man nennt das ›digitale Revolution‹. Sie wird unsere Zukunft bestimmen.«

Jetzt liegt die Marktbewertung von Airbnb bei etwa 30 Milliarden Dollar, von Hilton bei etwa 19 Milliarden Dollar und von Accor bei etwa 12 Milliarden Euro. Doch damals glaubte ich, mich verhört zu haben. Immerhin besaßen die größten Hotelketten Häuser in den Zentren der wichtigsten Städte der Welt. Eine damals, im Jahr 2014, noch relativ obskure digitale Plattform sollte eines Tages einen größeren Wert ausmachen als diese prachtvollen und teilweise unbezahlbaren Immobilien in den besten Lagen Londons und New Yorks?

Am Abend befasste ich mich näher mit Airbnb. Die klassischen Hoteliers und ihre Verbände kämpften für Regulierungen, die der Plattform das Leben schwermachen sollten. Warum eigentlich? Auf den ersten Blick waren ihre Geschäfte stabil. Daraus ließ sich ableiten, dass Airbnb ihnen keine Gäste wegnahm. Doch bei näherem Hinsehen stimmte das nicht. Die ganze Hotellerie profitierte von einer sich globalisierenden Welt, in der ständig mehr Menschen reisen mussten oder wollten. Ein neuer Konkurrent fiel da kaum ins Gewicht. Doch dieser Aufwärtstrend der Branche würde einmal seinen Zenit erreichen, und von da an würde es eng für die klassischen Hoteliers werden.

Ich las weiter und dachte darüber nach, wie die Digitalisierung die klassischen Hotels verändern könnte, und in welche Richtung die Hotelketten, mit denen ich als Investmentbanker eng zusammenarbeitete, denken mussten. Abgesehen von dem digitalen Auftritt und der Buchung fielen mir noch weitere Abläufe in Hotels auf, die nur deshalb menschliches Wirken zu erfordern schienen, weil es alle so gewöhnt waren.

Etwa beim Check-in. Musste wirklich ein Mensch hinter einem Tresen stehen, der Daten entgegennahm und eine Plastikkarte mit anderen Daten darauf aushändigte? Nahm ich für den Vorteil, von einem vielleicht schlecht gelaunten Menschen bedient zu werden, wirklich so gerne Wartezeiten an einer Rezeption in Kauf? War der menschliche Faktor wirklich so wertvoll, wenn ich nachts, müde von einem Flug, in einem Hotel ankam und nichts anderes als Ruhe wollte?

Für die Luxushotels mochten diese Fragen mit »Ja« zu beantworten sein. Ihre Gäste legten Wert auf persönlichen Service. Doch die Hoteliers vieler anderer Gasthäuser warteten vermutlich schon auf eine digitale Lösung für den Check-in, die ihnen Personalkosten ersparen würde.

Lange würden sie sich nicht mehr gedulden müssen. Programmierer arbeiteten bereits an Schlüsselcodes für Smartphones. Hotelgäste würden dann zu ihren Zimmern gehen, das Mobiltelefon dort an den Türgriff halten, wo ein kleines Licht leuchtet, und eintreten. Ein Prozess ganz ähnlich jenem, der beim Check-in auf Flughäfen üblich geworden ist.

Noch am gleichen Abend sah ich mir die Internetseiten meiner Firmen an und bemerkte, was ich schon im tiefgekühlten Vortragssaal vermutet hatte: lauter benutzerfeindliche Hürden, dazu umständlich aufzufindende Inhalte, die weder informativ noch unterhaltend waren. Da ließ sich einiges verbessern.

Als nächstes sah ich mir meine Social-Media-Präsenz an. Dort gab es bisher keinen einzigen aktiven Post. Ich hatte nur beantwortet, was gekommen war. Zum ersten Mal postete ich jetzt selbst ein Status-Update auf Facebook. Es dauerte, bis ich das mit meinem Handy geschafft hatte.

> *Beste Grüße aus Palm Beach vom*
> *Tony-Robbins-Seminar.*

Daneben stellte ich einige Fotos vom Strand, von Palmen und vom Seminar. Für diesen Post bekam ich meine ersten 100 Likes.

Die wichtigste Information, mit der ich von dem Seminar nach Hause flog, lautete: Eine neue Trennlinie wird sich durch die Gesellschaft ziehen, die wichtiger sein wird als die zwischen Arm und Reich oder die zwischen Jung und Alt. Auf der einen Seite werden Menschen stehen, die sich mit der digitalen Welt befasst haben, sie verstehen, sich ihr anpassen und sie gestalten. Auf der anderen Seite werden sich jene befinden, die das neue technisch Machbare höchstens als Konsumenten nutzen.

Teilweise wird sich diese Trennlinie mit jener zwischen Arm und Reich decken, weil die digitalen Verweigerer sozial absteigen werden. Teilweise wird sie sich mit der zwischen Jung und Alt überschneiden, wobei es auch junge Menschen geben wird, die ihre Rolle in der digitalen Welt auf die von Konsumenten beschränken, und alte, die erstaunlich behände im Umgang mit ihr sein werden.

Doch insgesamt wird diese Trennlinie die gesellschaftlichen Hierarchien ganz neu strukturieren. Ein verrückter Hacker, der Gras raucht und jetzt vielleicht noch Hartz-IV-Empfänger ist, kann dann zur Elite gehören. Umgekehrt kann einem digitalen Bummler, der nach jetzigen Maßstäben eine Eliteausbildung genossen hat, der soziale Abstieg in die unteren Schichten drohen.

Wie viele Follower jemand in den sozialen Medien hat, wird zu einem der wesentlichen Statussymbole werden. Es wird wichtiger sein als die Frage, über welche Statussymbole oder welche Titel jemand verfügt.

Ich begriff: Wenn ich mich nicht rasch an die Digitalisierung anpasste und mir das nötige Wissen dazu aneignete, würde ich in zehn Jahren ein langweiliger Investmentbanker mit einer Menge Eigentumswohnungen sein. Während ich in der ersten Klasse einer Linienmaschine sitzen würde, würden Menschen, die meine Kinder sein könnten, mich in ihren Privatjets überholen. Womöglich war selbst das noch eine optimistische Perspektive.

DIE DICKEN HUNDE
VON LAS VEGAS

Ich ging vor wie immer, wenn ich mir etwas aneignen will. Zuerst hielt ich nach Menschen Ausschau, die sich mit dem Thema besser auskannten als ich. Deshalb fiel mir eine Nachricht auf, die mir ein junger Mann auf Facebook geschickt hatte. »Du brauchst einen Social-Media-Manager«, hatte er geschrieben.

Statt seine etwas kecke Ansage einfach zu ignorieren, wie ich es früher getan hätte, antwortete ich ihm. »Du hast recht«, schrieb ich. »Wir sollten reden.«

Wir trafen uns noch am Freitag der gleichen Woche in der Bar des Frankfurter A&O-Hotels in der Mainzer Landstraße. Es war 1.30 Uhr morgens. Ich hatte zuvor einen Termin in Wiesbaden gehabt, der sich verzögert hatte. Christos, ein in Hannover lebender Deutscher mit einem griechischen Vater, hatte deswegen bereits eine halbe Stunde auf mich gewartet und war trotzdem motiviert. Er erklärte mir, wie wichtig mein digitaler Auftritt für mich sei und was ich dabei bisher falsch machte. »Du musst mehr und regelmäßiger Beiträge posten und die Fotos müssen von besserer Qualität sein«, sagte er. »Außerdem reicht Facebook nicht. Du solltest auch Plattformen wie YouTube, Twitter und Instagram ernst nehmen.«

»Das ist alles?«, fragte ich.

»Du solltest ein digitales Geschäft aufbauen«, empfahl Christos. »Ganz egal, was es sein wird, es wird dein traditionelles Geschäft bald überholen.«

Das war ebenso simpel wie sein Hinweis auf mein noch immer mangelndes Engagement in den sozialen Medien, doch ich vermutete, dass er auch damit recht hatte. Womit sich die Frage stellte, was für ein digitales Geschäft ich entwickeln sollte.

Als Investmentbanker beschaffe ich Geld für Unternehmen. Als Immobilieninvestor kaufe ich nach dem stets gleichen Schlüssel aus Preis, Mieterlösen und erwartbarer Standortentwicklung Wohnungen und Mietshäuser. Als Berater sitze ich beispielsweise in Verwaltungsräten. Was ließ sich daraus machen?

Christos schlug vor, dass ich zunächst den digitalen Auftritt meiner Firmen verbessern solle. Die Idee für mein digitales Geschäft würde ich haben, wenn ich mit den Möglichkeiten der digitalen Welt vertrauter wäre.

»Wann kannst du bei mir anfangen?«, fragte ich Christos, als bereits der Morgen dämmerte.

Wir buchten noch in der Nacht seinen Flug nach Wien.

Zunächst brachten wir die Internetseiten meiner Firmen in Ordnung. Wir sorgten dafür, dass sie gut aussahen und benutzerfreundlich sowie mit Google leicht zu finden waren. Anschließend beschäftigten wir uns mit meiner digitalen Identität. Dank meiner Bücher hatte ich als Ratgeber für Geld und Erfolg die Marke Investment Punk aufgebaut. Ich hatte sogar einige Freunde in den sozialen Medien, denen ich aber digital nichts bot. Wofür konnte ich diese Ausgangsbasis nutzen?

Ich flog nach Berlin, um dort Gründer erfolgreicher Startups zu treffen. Ich wollte wissen, wie und woran diese neue Unternehmergeneration arbeitete.

Ich besuchte eine Party in der Wohnung einer jungen Internetunternehmerin. Sie fand in einem typischen Berliner Altbau in Kreuzberg statt, der außen mit Graffiti beschmiert war, während die Wohnung aus schönen, hohen Räumen bestand und zwei Balkone hatte. Drinnen tranken 40 bis 50 Gäste Wodka Orange, Bacardi Cola und Gin Tonic aus Plastikbechern. Sie sahen aus wie Studenten, doch in Wirklichkeit waren sie Software-Unternehmer, Programmierer oder Spezialisten für digitales Marketing und redeten dementsprechend unaufhörlich über Programmierungsfragen, Reichweiten und Marketingbudgets.

Dort lernte ich einen jungen Mann kennen, der gerade mit einem Partner an einem digitalen Kassensystem arbeitete, das Lagerhaltung, Bestellsystem und Buchhaltung miteinander verknüpfte. Er erklärte mir das gemeinsame Ziel dieser digitalen Generation in zwei Sätzen. »Die etablierten Systeme sind klobig, umständlich, veraltet und teuer«, urteilte er. »Dazu suchen wir Alternativen.«

Doch wofür sollte ich eine Alternative suchen? Ich wusste noch immer nicht, welches digitale Geschäft ich aufbauen sollte.

Nach einigen Wochen war mir klar, dass Berlin im deutschsprachigen Raum das Zentrum der digitalen Wirtschaft ist, dass ich aber, wenn ich von den Besten lernen wollte, hier noch nicht am Ziel war. Ich musste in die USA, ins Silicon Valley, denn dort saßen die Pioniere der digitalen Wirtschaft. Also bat ich Christos, eine Vorauswahl amerikanischer Social-Media-Konferenzen zusammenzustellen, aus der ich dann eine in Las Vegas wählte.

Kurz vor meiner Reise dorthin trat ich als Jurymitglied bei der im österreichischen Privatfernsehen ausgestrahlten Start-up-Show »Querdenker« auf. Jungunternehmer konnten dort ihre Geschäftsideen präsentieren und, wenn sie überzeugend waren, Investorengelder akquirieren. Unter den Bewerbern dieser Ausgabe der Sendung war ein Start-up namens *teachme*, eine App zur Vermittlung von Nachhilfeunterricht. Paul, der Betreiber des Start-ups, wurde in der Show Zweiter, und ich lud ihn ein, mit mir ins Silicon Valley zu reisen.

Digitale Vermittlung von Nachhilfeunterricht. Im Flugzeug nach Las Vegas dachte ich, etwas unbequem sitzend, obwohl ich mir für 2.500 Euro ein Business-Class-Ticket geleistet hatte, darüber nach. Dabei wurde mir klar, was mein digitales Geschäft sein würde. Warum war ich nicht früher darauf gekommen?

Ich unterrichtete an Universitäten, hielt Vorträge und bot Seminare zu Themen wie finanzielle Unabhängigkeit, Immobilienkauf und Unternehmensbeteiligungen an. Mein Ziel, meine eigene Wirtschaftsuniversität zu leiten, war mir trotzdem eben noch fern erschienen. Jetzt begriff ich, dass es Zeit war, mit ihrer Verwirklichung anzufangen, und zwar in digitaler Form. Damit konnte ich ein digitales Geschäftsmodell aufbauen. Mit dieser Idee im Hinterkopf kam ich bei der Konferenz in Las Vegas an.

Es ging dort zu wie bei allen amerikanischen Konferenzen: Die Hallen waren überfüllt, die Temperaturen eisig und das Essen schrecklich. Doch ich hörte mir die Vorträge aufmerksam an.

»Früher konnte ein Opernsänger, selbst wenn er berühmt war, nur das Gebäude füllen, in dem er auftrat«, beschrieb einer der Redner. »Heute kann ein Musiker, selbst wenn er nicht berühmt ist, Menschen auf der ganzen Welt erreichen und Geld in Regionen verdienen, in denen er noch nie war. Wie erfolgreich er ist, hängt dabei vor allem von der Qualität seines digitalen Auftrittes ab.«

Mir fiel die Geschichte des kanadischen Provinzmusikers Dave Carroll und seiner Band Sons of Maxwell ein, die mich bereits einige Jahre zuvor beschäftigt hatte. Bei einem Flug mit United Airlines ging seine Gitarre zu Bruch und seine Interventionen bei der Fluglinie wegen Schadenersatzes blieben erfolglos. Für einen Song über dieses Ereignis erhielten Carroll und seine Band auf YouTube mehr als 16 Millionen Klicks und verdienten in der Folge viel Geld. Sein Nettovermögen stieg von null auf mehrere Millionen Euro, und Universitäten luden ihn als Gastdozenten zu diesem Thema ein. Selbst der Hersteller der zu Bruch gegangenen Gitarre hatte die Gunst der Stunde genutzt und Rekordverkäufe erzielt, während der Chef von United Airlines wie ein begossener Pudel dastand und mit dem Entschuldigen gar nicht mehr fertig wurde.

»Die meisten Berufsgruppen, nicht nur Musiker, können mit einem guten digitalen Auftritt in Regionen Geld verdienen, in denen sie noch nie waren«, betonte der Redner. Er zeigte ein Foto von einem Tierarzt. »Wie viel Prozent seines Umsatzes macht dieser Mann Ihrer Meinung nach dank seines digitalen Auftrittes?«, fragte er.

Die Schätzungen des Publikums lagen bei 20 bis 30 Prozent. Doch der Mann auf der Bühne des Las Vegas Convention Centers, einer schmucklosen Halle mit weitläufigen Parkplätzen davor, schüttelte den Kopf. »90 Prozent«, sagte er. »90 Prozent seines Umsatzes erzielt dieser Tierarzt aufgrund seines Internetauftrittes. Und warum ist das so? Weil er eine Idee hatte, die er professionell verwirklicht hat. Was war seine Idee? Ganz einfach: Hier bei uns in Amerika sind nicht nur viele Menschen zu dick. Selbst viele Hunde sind es. Deshalb hat er einen Hunde-Parkour entwickelt, mit Bällen und Würstchen zur Belohnung, auf dem die Tiere wieder lernen, ihren Instinkten zu folgen und zu laufen.«

Er zeigte uns Fotos und Videos von der Internetseite des Tierarztes. Darauf waren Exemplare der drei beliebtesten amerikanischen Hunderassen, Labrador Retriever, Yorkshire Terrier und Schäferhunde, zu sehen. Vor dem Eingreifen des Tierarztes schienen sie fast an ihren eigenen Wülsten zu ersticken, auf den danach aufgenommenen Bildern sprangen sie glücklich über die Wiesen. »Vermögende Klienten aus aller Welt fliegen inzwischen zu diesem Tierarzt, um ihre Hunde in seinem Parkour laufen zu lassen«, berichtete der Redner. »Jetzt glauben viele Tierärzte, dass sie das ebenfalls gekonnt hätten, bloß war eben er derjenige, der das Internet genutzt hat, um es zu tun. Damit ist er auch derjenige, der gewinnt. Die anderen Tierärzte müssen weiter hoffen, dass der Wellensittich des Rentners in ihrer Nachbarschaft wieder einmal Durchfall kriegt.«

Der Tierarzt mit dem Parkour für übergewichtige Hunde habe sein Einkommen vervielfacht, sagte der Redner. Früher habe er 50 Dollar je Sitzung verlangt, jetzt seien es bis zu 1.000 Dollar. »Ich könnte Ihnen ebensolche Beispiele für jeden gewöhnlichen Beruf nennen, vom Notar bis zum Bestattungsunternehmer«, fuhr er fort, »doch ich komme lieber gleich zum Kern der Sache.« Der folgende Satz erschien, während er ihn sprach, groß hinter ihm an der Wand:

Durch Digitalisierung entsteht Nachfrage.
Das sollten Sie verstehen, und dann fangen Sie an.
Fangen Sie einfach an.

Es ging im Las Vegas Convention Center außerdem um praktische Dinge wie die Verbesserung der YouTube-Präsenz, effektive Facebook-Werbung, Vertriebsoptimierung bei Verkäufen über Amazon, die Betreuung von Kunden und Fans via Twitter und die damals noch relativ neue Notwendigkeit, den digitalen Auftritt an die Darstellung auf mobilen Geräten anzupassen. Ich hörte mir alles mit dem Gefühl an, dass ich weit mehr lernen musste, als ich erwartet hatte.

Dennoch konnte ich einige der Dinge, die ich erfahren hatte, gleich umsetzen. So rief ich bei einem Buchverlag an, den ich in Finanzangelegenheiten betreue, und besprach mit dem Herausgeber die Möglichkeiten, den Umsatz über Amazon, dem größten Buchhändler der Welt, durch den richtigen Umgang mit Rezensionen und die richtige Gestaltung von Kurzbeschreibungen um 20 bis 30 Prozent zu steigern. Immerhin ist Amazon einer der größten Vertriebskanäle des Verlages.

Außerdem drehte ich gemeinsam mit Paul die ersten Videos für meinen digitalen Auftritt. Ich fasste darin zusammen, was ich auf der Konferenz gelernt hatte: dass Instagram an Bedeutung gewinnt und Snapchat für die Geschäftswelt wichtiger wird. Ich bekam einige Likes und verzeichnete mehrere Interaktionen. Das funktioniert, dachte ich.

Die grundlegende Botschaft der Konferenz in Las Vegas glich jener des Anthony-Robbins-Seminars in Palm Beach. Wer sich rasch zum Teil der digitalen Welt macht, gewinnt, wer es nicht tut, verliert.

Doch erst jetzt begriff ich allmählich, welche weitreichenden Folgen die digitale Revolution haben würde. Ich verstand, dass sie erst am Anfang stand und dass sie die Grenze zwischen Reich und Arm neu ziehen würde. Jene, die sich mit ihren Anforderungen auseinandersetzten und ihre Chancen nutzten, würden sich als Angestellte in Gold aufwiegen lassen können und als Unternehmer ihre Umsätze vervielfachen.

Diejenigen, die auf die Vergangenheit vertrauten und auf ihre Fortsetzung, zumindest in ihrem Bereich, setzten, würden in Zukunft als Angestellte kaum noch Verwendung finden. Als Unternehmer würden sie sich mit dem begnügen müssen, was die anderen übrig ließen.

Ich erschrak nachträglich darüber, wie spät ich den Handlungsbedarf bemerkt hatte, und ich war umgeben von Menschen, die ihn nicht erkannten.

Viele meiner Freunde und Bekannten waren auf Facebook und Twitter aktiv, vielleicht sogar aktiver, als ich es bisher selbst gewesen war, aber kaum einer verfolgte dabei eine durchdachte Strategie. Die wenigsten schienen zu begreifen, dass ihr Einkommen und ihre Lebensqualität in Zukunft davon abhängen würden, wie effektiv sie sich in der digitalen Welt bewegten und welche Reichweite sie mit ihrem digitalen Auftritt erzielten.

Das bedeutete, dass es viele Verlierer geben würde. In weiten Teilen der westlichen Welt vielleicht sogar mehr, als ihre Gesellschaften verkraften konnten. Ein Sturm kommt auf, dachte ich, und er wird die komplette Mittelschicht hinwegfegen.

Sie ahnt vielleicht die Gefahr, kann sich aber nicht vorstellen, dass es die Welt so, wie sie immer war, bald nicht mehr geben wird. Aus Angst verkriecht sich die Mittelschicht in ihren vermeintlich sicheren Angestelltenjobs, ahnungslos über die kommenden Veränderungen, die weitreichender sind als die im Gefolge der industriellen Revolution. Dann lesen sie ihre Morgenzeitung, in der wieder etwas über selbstfahrende Autos steht und denken:

Wird schon alles nicht so schlimm.

Oder schätzte ich da etwas falsch ein?

MEETINGS MIT BURGERN

Mit dieser Einsicht wuchs der Handlungsdruck, den ich mir selbst auferlegte. Deshalb flog ich nach der Konferenz in Las Vegas nach San Francisco, um einige Termine wahrzunehmen. Sie sollten mir helfen, eine für mich fundamentale Frage zu beantworten: Was genau konnte und musste ich tun, um zu den Gewinnern der digitalen Revolution zu gehören? Als erstes traf ich einen 22 Jahre alten Start-up-Unternehmer, den ich über eine Networking-Plattform kontaktiert hatte. »Ich bin europäischer Unternehmer und Investor«, hatte ich ihm geschrieben. »Hast du Zeit für ein kurzes Treffen?«

»Kein Problem«, hatte er geantwortet.

Wir trafen uns, seinem Wunsch gemäß, in Pacific Heights in einem der namenlosen Fast-Food-Restaurants, von denen es Tausende in den USA gibt. Vermutlich hatte er Pacific Heights deshalb als Treffpunkt gewählt, weil er hier lebt, dachte ich. Es war ein Stadtviertel der so genannten young urban professionals, mit Panoramaaussicht auf die Golden

Gate Bridge, die San Francisco Bay, auf Alcatraz und das Presidio, und er lebte hier nicht, weil es ihm seine Eltern ermöglichten, wie ich aus seinem Lebenslauf wusste. Er kam zu unserem Treffen in Flip-Flops und einer zu weiten Trainingshose. Der Eindruck, den er äußerlich machte, war ihm offensichtlich egal. Wie konnte dieser Junge so erfolgreich sein? Er hatte bisher drei Unternehmen gegründet und eines davon für mehrere Millionen Dollar verkauft. Selbst wenn ich das Gefühl hatte, mit einem halben Kind zu sprechen, war es angebracht, ihm sehr genau zuzuhören.

Ich fragte ihn, ob er etwas über die digitale Wirtschaft herausgefunden habe, das er für besonders wichtig hielt. Er dachte nach, während er mit einem Strohhalm an seiner Cola nuckelte. Dann sagte er einen Satz, der sich bei der Konferenz in Las Vegas ebenfalls gut auf der großen Wand gemacht hätte.

Dein Projekt muss einen tieferen Sinn haben.
Du musst einen Wert stiften. Die Leute mit irgend-
welchem Bullshit dranzukriegen, funktioniert nicht.

»Und sonst?«, fragte ich.

Er zuckte mit den Schultern. »Dann kommt nur noch eine Sache dazu«, antwortete er. Dabei schob er sein Tablett weg. Besprechungen, die länger als eine Fast-Food-Mahlzeit dauerten, schien er für überflüssig zu halten. Er stützte die Arme auf den Tisch, um sich zu erheben, und sah mir dabei in die Augen. Sein nächster Satz war ebenfalls einer von Allgemeingültigkeit in der digitalen Wirtschaft.

Dein Projekt muss einfach zu verstehen
und einfach zu bedienen sein.

Danach entschuldigte er sich. »Ich habe um zehn eine Telefonkonferenz mit dem Finanzvorstand von Emirates Airlines«, sagte er.

Etwas verdutzt blieb ich in der fettgeschwängerten Luft des Restaurants zurück. Nicht schlecht, dachte ich. Ich hatte meine Studien in Harvard mit Magna Cum Laude abgeschlossen, aber das half mir jetzt nichts. Ich würde von jetzt an von Menschen lernen müssen, die vielleicht gar nicht studiert hatten und dennoch besser als ich wussten, wie die Zukunft funktionieren würde. Ich hatte das schon vermutet und es war in Ordnung für mich, trotzdem musste ich mich jetzt noch einmal damit abfinden.

Als Nächstes stand ein Termin bei einer auf Start-ups konzentrierten Investmentfirma in meinem Kalender. Ihr Büro lag in Menlo Park, einer Stadt im Silicon Valley, in der auch einige der weltgrößten Unternehmen dieser Branche ihre Niederlassungen hatten.

Das Geschäftsmodell dieses Wirtschaftszweiges besteht aus einer Mischung aus hohem Risiko und hohen Gewinnen im Erfolgsfall. Es erfordert Marktkenntnis, ein gutes Gefühl für Menschen und einen sicheren Instinkt. Es ist deshalb naheliegend, dass sich solche Investmentfirmen dort niederlassen, wo es viele Start-ups gibt.

Als das Navi des Cabrios, das ich gemietet hatte, angab, ich hätte mein Ziel erreicht, sah ich mich um. Ich befand mich vor einem glanzlosen Gebäudekomplex, in dem sich in Europa drittklassige Anwälte, preisgünstige Steuerberater oder namenlose Import-Export-Firmen eingemietet hätten, aber ganz bestimmt keine schillernde Investmentfirma mit einem Milliardenbudget.

Auf dem Parkplatz davor war mein 300 PS starker, silbergrauer Mustang schon ein Glanzstück, obwohl Mustangs in den USA auch mit dieser Motorisierung alltäglich sind. Vor dem Gebäude standen Toyotas, Hondas, Hyundais und Nissans, alles, nur nicht die teuren Limousinen und Sportwagen, die ich erwartet hatte. Ein Tesla war der einzige Lichtblick auf diesem Parkplatz.

Etwas konnte nicht stimmen, dachte ich. Ich befand mich in der Sand Hill Road, jener legendären Straße, in die jeder Unternehmer des Silicon Valley fährt, wenn er Geld braucht. In dieser Straße hatten laut meinen Recherchen mehr als 30 der größten Venture-Capital-Fonds und Private-Equity-Firmen Niederlassungen, darunter Kohlberg, Kravis & Roberts, eine der größten Buyout-Firmen der Welt, die eigentlich für ihren Prunk und Pomp bekannt war. In ihrer New Yorker Niederlassung gab es firmeneigene Floristen, Köche und Piloten.

Ich stieg aus, schlenderte ein wenig die Straße entlang und sah mir die Türschilder an. Draper Fisher Jurvetson, Khosla Ventures, Kleiner Perkins oder Silicon Valley Bank stand dort, alles klingende Namen in der Venture-Capital-Branche. Ich war richtig hier. Nicht mein Navi hatte sich geirrt, sondern meine Erwartungshaltung war falsch gewesen. Prunk und

Pomp passten offenbar nicht in diese Stadt, in der gerade die digitale Zukunft der Welt begann.

Hier entwickelten Ingenieure das selbstfahrende Auto, doch die Straßen vor ihren Büros und Forschungslabors hatten Schlaglöcher. Hier arbeitete Elon Musk, unter anderem Eigentümer von Tesla und des privaten Raumfahrtunternehmens Space X, an einer Revolution des Schienenverkehrs, mit der er Menschen in Kapseln 1.200 Stundenkilometer schnell durch Röhren schießen wollte, doch die Bahn ins Silicon Valley, deren Gleise ich überquert hatte, war eine 60 Jahre alte, dieselgetriebene Eisenbahn.

Ich verstand auch diese Lektion: Die Menschen hier hatten ein klares Ziel vor Augen. Sie wollten die Welt verändern. Luxus und Statussymbole waren für sie Zeitverschwendung. Ich hatte noch gelernt, dass es schon aus Gründen der Glaubwürdigkeit wichtig ist, ein teures Auto zu fahren und eine schöne Uhr zu tragen. Doch diese Denkart war hier bereits Geschichte.

Ich fragte mich, wie viel von dem Status mancher Menschen bliebe, wenn sie keine Symbole dafür mehr hätten. Von hier aus wirkte die europäische Mittelschicht mit ihren Häusern auf Pump, geleasten SUVs und grauen Designeranzügen schon jetzt wie eine etwas gespenstische Revival-Party.

Ich ahnte, dass sich hinter der Effektivität des Handelns, die sich schon im Straßenbild von Menlo Park manifestierte, eine gewisse Gnadenlosigkeit der digitalen Elite beim Verändern der Welt verbarg. Mir fiel ein Satz ein, den einer der Redner auf der Bühne des Las Vegas Convention Centers gesagt hatte und der bei mir hängengeblieben war, ohne dass ich ihn richtig eingeordnet hatte.

> *Es herrscht Krieg. Krieg zwischen denjenigen, die die Welt verbessern wollen und die für Fortschritt stehen, und denjenigen, die überholte, archaische Systeme der Vergangenheit bewahren wollen.*

Was das tatsächlich bedeutet und wie die digitale Elite wirklich tickt, fand ich in seiner vollen Tragweite allerdings erst später heraus.

KÄMPFEN UND LERNEN

Auch der zweite wichtige Satz, den ich im Las Vegas Convention Center gehört hatte, war mir in Erinnerung geblieben. Er ging mir nach meiner Heimkehr aus den USA manchmal durch den Kopf, vor allem, wenn ich selbst Vorträge hielt.

Früher konnte ein Opernsänger, selbst wenn er berühmt war, nur das Gebäude füllen, in dem er auftrat. Heute kann ein Musiker, selbst wenn er nicht berühmt ist, Menschen auf der ganzen Welt erreichen und Geld in Regionen verdienen, in denen er noch nie war. Wie erfolgreich er dabei ist, hängt vor allem von der Qualität seines digitalen Auftrittes ab.

Das galt nicht nur für Künstler und Tierärzte, sondern natürlich ebenfalls für alle Vortragenden und damit auch für mich. Mit meinen noch unausgegorenen Plänen für eine digitale

Akademie im Kopf trat ich weiterhin regelmäßig bei Semina-
ren und Konzernveranstaltungen sowie in Universitäten und
an Schulen auf. Doch ich hatte dabei von nun an das Gefühl,
dass etwas fehlte. Denn im Grunde befand ich mich damit
auf der falschen Seite der zwischen der alten und der neuen
Welt aufgehenden Kluft. Ich wollte daher bei der Entwicklung
meiner digitalen Akademie keine Zeit mehr verlieren.
Dass sie die richtige Idee zur richtigen Zeit war, stand für
mich fest. Die traditionellen Bildungseinrichtungen sind
genau so, wie jener Entwickler eines digitalen Kassensystems
in Berlin alle alten Systeme beschrieben hatte: klobig, umständlich, veraltet und teuer.

Dabei verfehlen die Bildungsinstitutionen zunehmend ihr
Ziel, Menschen auf den Arbeitsmarkt und auf ein Leben im
digitalen Zeitalter vorzubereiten. Ihre Absolventen sind den
Anforderungen des Berufslebens großteils nicht gewachsen.
Sie gehen aus dem Bildungssystem mit zwei Dingen hervor,
von denen ihnen eines nichts bringt und das andere sie sogar
behindert: mit Titeln und Ansprüchen.

Ein Schluss, zu dem unter anderem Google-Personalchef
Laszlo Bock gekommen ist. Ein guter Uniabschluss könne
der Karriere im Weg stehen, erklärte er in einem Interview
mit der New York Times. Er mache Absolventen überheblich.
Google suche nach Menschen, die gleichzeitig ein großes
und ein kleines Ego haben. Die Absolventen mit dem besten
Notenschnitt hätten meist nur ersteres, weshalb Google nach
Menschen Ausschau halte, die gezeigt haben, dass sie auch
ohne Uniabschluss vorwärtskommen können.

Mir war ebenfalls klar, dass es fundamentale Probleme bei der Vereinbarkeit zwischen dem klassischen Bildungssystem und den Ansprüchen der digitalen Wirtschaft gibt. Probleme, die am ehesten digitale Bildungssysteme lösen könnten. Weshalb mir jetzt immer öfter dieser andere Satz, den ich auf der Konferenz in Las Vegas gehört hatte, durch den Kopf ging.

Durch Digitalisierung entsteht Nachfrage. Das sollten Sie verstehen, und dann geht es nur noch um eins. Fangen Sie an. Fangen Sie einfach an.

Genau das tat ich gemeinsam mit Christos und meinen anderen Mitarbeitern. Wir fingen einfach an. Wir besorgten uns eine brauchbare Videokamera und nahmen die ersten Kurse auf.

Zuerst definierten wir unser Konzept. Dabei dachte ich an einen der beiden Punkte, die der 22-jährige Internetunternehmer bei unserem Treffen in dem Fast-Food-Restaurant in Pacific Heights genannt hatte. Menschen mit Bullshit dranzukriegen, wie er es bezeichnet hatte, hatte schon in der klassischen Wirtschaft nie lange funktioniert. Zwar gelang es dort Unternehmern, mit fragwürdigen Produkten kurzfristig Geld zu verdienen, doch irgendwann holte sie ihr schlechter Ruf ein. Die digitale Wirtschaft war dank ihrer höheren Transparenz dafür noch sensibler. Wenn nur ein paar Nutzer eines Produkts »reine Abzocke« oder Ähnliches posteten, war die Sache gelaufen. Die Frage, die ich mir stellen musste, lautete also: Welchen Wert stifte ich? Was genau ist meine Mission, und wer profitiert davon?

Ich dachte lange darüber nach, doch wie bei allen wirklich wichtigen Fragen war die Antwort im Grunde einfach. Ich würde Menschen, die etwas aus sich machen wollten, die sich anstrengen und ein gutes Leben führen wollten, das dafür nötige wirtschaftliche Wissen vermitteln.

Als das Konzept fertig war, programmierten wir die erste Probeversion der Seite in Wordpress. Die Sache lief holprig an. Wir hatten unter anderem Schwierigkeiten bei den Schnittstellen mit Zahlungsanbietern, der Schnelligkeit der Seite und der anfangs zu komplizierten Bedienung.

In Sachen Benutzerfreundlichkeit halfen mir meine Erfahrungen aus meinem ersten Studentenjob. Ich hatte damals im 20. Stockwerk eines Hochhauses in der Nähe des Massachusetts General Hospital in Boston als Laien-Softwaretester gearbeitet.

Meine Qualifikation hatte, einfach gesagt, in meiner technischen Ahnungslosigkeit bestanden. Dadurch hätte ich den gleichen Zugang zur Materie wie der Großteil der Nutzer und könne den Programmierern wichtige Rückmeldungen geben, hatten meine Arbeitgeber gemeint.

Dieses Prinzip wandte ich nun bei der Benutzeroberfläche meiner Akademie an. Jede Seite, die ich nach zehn Sekunden noch nicht bedienen konnte, machten wir neu.

Gleichzeitig musste ich mich mit Dingen wie der steuerlichen Abwicklung in den verschiedenen Herkunftsländern der Mitglieder befassen und einen Steuerberater finden, der unsere Daten einspielen konnte, weil sonst die Steuerberatungskosten explodiert wären.

Als Nächstes musste ich lernen, vor einer Kamera zu sprechen. Von meinen Vorträgen war ich die Interaktion mit dem Publikum gewöhnt. Nun aber konnte ich nicht sehen, ob meine Zuhörer lachten, gespannt waren oder einschliefen.

Die Akkus der Kameras waren immer viel zu schnell leer, außerdem drehten wir anfangs in meinem Büro am Stephansplatz, in dem ständig Glocken, Straßenmusiker oder Hunde zu hören waren. Dann wieder hallte der Ton, als hätten wir die Videos nicht nahe des Stephansdoms, sondern darin aufgenommen. Als wir im Auto drehen wollten, stellten wir fest, dass mein Aston Martin dafür zu wenig Platz bot.

Ich entdeckte außerdem, wie schwer Menschen zu finden sind, die rasch, verlässlich und zu guten Preisen Videos schneiden können, und dass wir den Speicherplatz, den Videos brauchen, unterschätzt hatten, weshalb unsere Seite langsamer und langsamer wurde.

Dabei gewöhnte ich mir an, in meinem Alltag ständig nach digital verwertbaren Informationen und Bildern zu suchen. So bekam ich viele Likes für ein Video, das meinen Tagesablauf und Lifestyle zeigte, beginnend damit, wie ich am Morgen meine Dr. Martens anziehe und ins Auto steige, das alles mit guter Rockmusik im Hintergrund.

Außerdem kontrollierte ich ständig und überall die Seite auf Schnelligkeit, Funktionalität der Registrierungsprozesse und Zahlungsfunktionen sowie auf Rechtschreibfehler. Am

26. Dezember 2014 saß ich deshalb auf dem Zwischenstopp meines Fluges von Wien nach Miami am La-Guardia-Flughafen in New York, aß mangels Alternativen entgegen meiner sonstigen Gewohnheit Junkfood und sah mir meine neuesten Videos über Immobilienkauf und Finanzmanagement an, wobei ich mich erst mit dem schlechten öffentlichen WLAN abquälte, bevor ich schließlich für eine Stunde das sündhaft teure Premium-Internet kaufte.

Als die Seite nach drei Monaten online ging, verfügten wir bereits über eine lange Liste mit E-Mail-Adressen von Interessenten, hatten aber unterschätzt, wie langsam die Homepage wurde, wenn viele Menschen sie gleichzeitig benutzten, und wie viele Customer-Support-Anfragen wir bekommen würden.

Während wir weiterhin Inhalte produzierten, um rasch zu wachsen, suchten wir passende Mitarbeiter, was sich als die schwierigste Aufgabe von allen herausstellte. Denn selbst wenn Social-Media-Experten gut über Facebook Bescheid wissen, heißt das noch lange nicht, dass sie auch alle Tricks im Umgang mit YouTube oder Google kennen.

Als beinahe ebenso schwierig erwies sich die Zusammenarbeit mit IT-Agenturen, die unsere Seite technisch verbessern sollten. Die Vertragsverhandlungen waren zäh, und weil sich die andere Seite besser auskannte, lief ich Gefahr, übervorteilt zu werden. Da ging es etwa um die Frage, wem der Sourcecode, also der Quelltext des Programmes, gehörte, oder wie lange die Fristen für die Behebung von Fehlern sein durften.

Als die Agentur schließlich loslegte, fanden wir heraus, wie schwierig es ist, alte Daten in ein neues System zu importieren, was ein echtes Problem war, weil unsere Seite inzwischen von drei Kursen mit 50 Videos auf 20 Kurse mit 300 Videos gewachsen war.

Es tauchte ein Problem nach dem anderen auf, jedes war lösbar, aber leicht war es meist nicht. Eine weitere Herausforderung war die Zusammenarbeit mit Agenturen für digitales Marketing. Solche Agenturen bieten Verträge an, bei denen sie eine Provision auf Basis des Werbebudgets erhalten und daher nicht den geringsten Erfolgsanreiz haben: Egal wie effizient sie das Geld ihrer Auftraggeber ausgeben, sie kommen immer auf das gleiche Honorar.

Wenn mich digitale Jungunternehmer heute als potentiellen Investor ansprechen, frage ich sie, wer ihre Seite programmiert und wer das Marketing dafür macht. Wenn sie beides an Agenturen ausgelagert haben und sich keiner in der Firma damit auskennt, winke ich ab. Denn besonders im Bereich der IT- und der digitalen Marketingagenturen zahlen Anfänger jede Menge Deppensteuer. Das tat ich bestimmt ebenfalls, wenn auch wahrscheinlich vergleichsweise wenig, weil ich eine Grundregel der digitalen Wirtschaft bereits begriffen hatte.

Jeder hat die Möglichkeit, ein digitales Geschäft aufzubauen. Doch wie in der analogen Welt kommt der Erfolg in der digitalen Welt nicht aus dem Nichts.

Im Sinne meines Konzeptes, aber auch aus bloßem kaufmännischem Instinkt, verzichtete ich im Marketing auf Phrasen wie »Reich werden in drei Jahren«. Ich ließ mich ebenfalls nicht dazu verführen, Likes zu kaufen, die Reichweite vorgaukeln und in Wirklichkeit von ukrainischen oder nigerianischen Nutzern kommen, die mit meiner Akademie nichts zu tun hatten. Ich setzte lieber auf organisches Wachstum.

Raving Fans, also Menschen, die interagieren, echtes Interesse an einem Thema haben und sich damit identifizieren, wollen spüren, dass der Betreiber so einer Plattform mit Herz und Seele dabei ist und nicht bloß Geld verdienen will. Sie erwarten vier Dinge.

Erstens. *Authentizität.*
Zweitens. *Regelmäßigkeit.*
Drittens. *Interaktion.*
Viertens. *Gute Inhalte.*

Ich postete regelmäßig Beiträge über meine Visionen, meine Arbeit und mein Leben. Ich verlinkte themenverwandte Artikel sowie Videos zu wichtigen politischen oder wirtschaftlichen Ereignissen. Ich beantwortete ständig Fragen, stand dafür bei Live-Chats zur Verfügung und entwickelte die Ask-the-Punk-Show, bei der ich wöchentlich drei Publikumsfragen per Video beantworte.

Wenn ich wie häufig bis in die Morgenstunden mit meinen Mitarbeitern beisammensaß und mit ihnen über unsere Plattform und unsere Kurse diskutierte, hatte ich manchmal ein

Argument in den Ohren, das oft von Anhängern der Mittelschicht kam, wenn ich die Notwendigkeit der Digitalisierung und der Auseinandersetzung mit dem Internet ansprach.

Und wann bitte soll ich das machen?

Auch ich war schon ziemlich ausgelastet gewesen, bevor ich meine digitale Zukunft selbst in die Hand genommen hatte, und ich hatte nie vorgehabt, meine anderen Tätigkeiten zu vernachlässigen.

Aber je mehr ich mich damit befasste, desto klarer wurde mir, dass Digitalisierung ein Prozess ist, der Zeit, Energie und etwas Geld kostet. Digitalisierung lässt sich nicht buchen wie ein Yoga-Kurs.

Trotzdem nutzte ich jede Gelegenheit, mich in Sachen digitale Wirtschaft weiterzubilden. Ich schrieb mich selbst bei einigen amerikanischen Online-Akademien ein, um herauszufinden, wie sie funktionierten.

Im Herbst 2014 lernte ich bei der Münchner Konferenz Bits & Pretzels, in deren Rahmen sich Gründer und Interessierte aus der Start-up-Szene treffen, einen erfolgreichen digitalen Unternehmer kennen, der in Immobilien investieren wollte. Er hatte mehrere Firmen, darunter eine Online-Fitnessplattform, gegründet und wollte jetzt sein Geld anlegen. Ich schlug ihm einen Tauschhandel vor. »Ich baue gerade mein digitales Geschäft auf«, berichtete ich. »Erklär du mir, worauf ich achten muss, und ich zeige dir, wie du am besten Wohnungen besichtigst und kaufst.«

Der Deal gefiel ihm. Ich reise mit ihm nach Stuttgart, weil zu diesem Zeitpunkt der Wohnungskauf dort hohe Renditen versprach. Ich zeigte ihm, worauf er aufpassen musste, begutachtete mit ihm Keller und Dachstühle, und er erklärte mir im Gegenzug etwa, wie ich die Mitgliedsbeiträge für meine Akademie richtig gestaltete. »Einmalzahlungen sind der falsche Weg, um eine Community für ein digitales Infoprodukt aufzubauen«, sagte er. »Du verlangst besser niedrige, aber dafür laufende Mitgliedsbeiträge. Außerdem solltest du dafür sorgen, dass sich deine Mitglieder untereinander austauschen können. Dafür brauchst du Foren und Chat-Funktionen.«

Seinem Rat folgend fing ich mit niedrigen Preisen an, was auch deswegen besser war, weil zu Anfang immer noch Fehler auftraten. Wir legten den Preis zunächst auf 10 Euro pro Monat und 100 pro Jahr fest. Mit verbessertem Angebot konnten wir bald 17 beziehungsweise 147 Euro verlangen und schließlich 29 beziehungsweise 249 Euro. Dazu entwickelten wir ein Angebot für VIP-Nutzer, das unter anderem eine Party im Jahr enthält, bei der sich die VIP-Mitglieder über die Themen Geld und Erfolg austauschen können.

Ebenso suchte ich in dem Gespräch mit dem digitalen Unternehmer Antworten auf all die Fragen, die ich seit meinem Besuch des Tony-Robbins-Seminars noch vor mir hergeschoben hatte.

Was schreibe ich in meinen Beitrag?
Zu welcher Tageszeit poste ich ihn?

Was macht einen Beitrag viral?
Wieso bekommt ein Beitrag nur 20 Likes und ein
anderer 500?

Ich lernte, dass ein Beitrag dann erfolgreich ist, wenn sich das Publikum damit identifizieren kann. So etwa kam mein Posting über die verschiedenen Betrachtungsmöglichkeiten einer Immobilie gut an.

Der Verkäufer sieht eine Immobilie als Palast, der
Käufer sieht sie als Haus, das Finanzamt sieht sie
als vergoldetes Hochhaus und die Bank sieht sie als
Hundehütte.

Ich bekam dafür genauso viele Likes wie für den Beitrag über die Geburt meines Sohnes.

Zudem las ich bei jeder Gelegenheit Bücher über die Materie, darunter »From Zero to One« von Peter Thiel, einem rund 2,7 Milliarden Dollar schweren Internetinvestor. Von ihm nahm ich eine wichtige Botschaft mit.

Die ganze Menschheit als Zielgruppe für ein
digitales Start-up zu sehen, ist immer ein Fehler.
Wer erfolgreich sein will, sollte sich eine klar
definierte Nische suchen, in der er sich auskennt.

Was mich in meiner Strategie bestätigte. Ich kannte mich mit Geldverdienen aus und wusste, wovon ich in meinen Kursen sprach.

Irgendwann stellte sich bei mir ein gutes Grundgefühl ein, denn ich hatte nichts falsch eingeschätzt. Je mehr ich mich mit der digitalen Revolution befasste, desto klarer wurde mir, dass sich die Welt tatsächlich gerade teilte: in wenige, die viel haben werden, und in viele, die wenig haben werden.

NACHRICHTEN AUS DER GOOGLE-UNIVERSITÄT

Wie richtig ich mit der Einschätzung lag, dass ein Sturm kommen und die Mittelschicht hinwegfegen würde, erfuhr ich kurz nach dem Start meiner Akademie. Google lud mich wegen meiner unternehmerischen Tätigkeiten gegen eine Kostenbeteiligung an die Singularity University ein, die sich zwischen San Jose und Palo Alto im Silicon Valley befindet. Raymond Kurzweil, Leiter der technischen Entwicklung bei Google, hatte sie ins Leben gerufen.

Ihr selbsternannter Auftrag ist es, einflussreiche Persönlichkeiten aus der ganzen Welt in der Anwendung neuer Technologien zu schulen, um sie in die Lage zu versetzen, die großen Herausforderungen der Menschheit zu lösen. Die kalifornische Universität Stanford kooperiert mit der Singularity University, was deren Bedeutung unterstreicht. Es war jedenfalls eine Einladung, die mich freute und die ich nur annehmen konnte.

Ich reiste also ein zweites Mal ins Silicon Valley, um abermals in die bizarre Welt der milchgesichtigen digitalen Revolutionäre einzutauchen. Wie sehr San Francisco boomt, merkte ich schon beim Buchen des Flugtickets. Ich musste über Wien, Zürich und Chicago fliegen, weil alle direkten Flüge ausgebucht waren.

Teil des Google-Paketes war die Unterbringung in dem nahe des Union Square, also zentral gelegenen Fünf-Sterne-Hotel Clift. Von dort aus fuhren uns klimatisierte Google-Busse herum. Während die Internetverbindungen in den USA traditionell schlecht und die Roaminggebühren hoch sind, verfügten die Busse über gut funktionierendes, kostenloses WLAN, sodass ich problemlos arbeiten konnte, während wir auf den alten, überlasteten Straßen durchs Silicon Valley fuhren.

Am Google-Campus angekommen bekamen wir Fahrräder, nachdem wir, gemäß den amerikanischen Gepflogenheiten, auf einem Formular unterschrieben hatten, dass wir selbst schuld wären, wenn uns beim Herumfahren etwas zustieße.

Ich sah moderne Bürogebäude, dazwischen Parks und eine riesige Cafeteria mit allen Arten von Gerichten. In einem interaktiven Vortragssaal der Singularity University präsentierten uns schließlich einige Google-Leute ihre Zukunftsvisionen.

In den Bänken saßen Vertreter aus der Wirtschaftselite einiger Länder und Journalisten, alle eher klassisch gekleidet. Auf der Bühne ging es viel lockerer zu. Dort standen junge

Leute, teilweise mit zerzausten Haaren und mit Flip-Flops, und hoben mit ihren Reden die Welt ihres staunenden Publikums aus den Angeln. Zu einem Schluss, der sich aus allen Vorträgen ziehen ließ, war ich auch schon gekommen.

Der Großteil der Mittelschichtsjobs, und damit die Mittelschicht selbst, verschwindet gerade.

Die Redner behandelten diesen Punkt eher am Rande. Sie waren überzeugt davon, dass die Entwicklungen, für die sie standen, gut für die Menschheit waren. Sie konzentrierten sich auf die Vorteile der digitalen Revolution, und dabei wussten die meisten von ihnen offenbar aus Erfahrung, mit welchen Pointen sie ihr Publikum abholen konnten. »Ist Ihnen klar, dass selbstfahrende elektrische Autos den Wert von Immobilien verändern werden, den von Wohn- wie den von Handelsimmobilien?«, fragte einer der Google-Nerds.

»Immobilien entlang städtischer Durchzugsstraßen mit regelmäßigen Staus, Lärm und verpesteter Luft sind jetzt praktisch wertlos«, erklärte er. Doch mit selbstfahrenden elektrischen Autos wäre Schluss mit diesen Belastungen. Immobilien an Hauptverkehrsrouten, die jetzt Junk-Status haben, werden sich dann als Ruhelagen verkaufen lassen.

Gleichzeitig werden diese Autos die Hauszustellung von Waren günstiger machen, weshalb sich noch mehr Teile des Handels aus den Geschäften ins Internet verlagern werden. Mit der rückläufigen Nachfrage nach Handelsimmobilien werden deren Wert und die damit erzielbaren Mieten sinken. Das alles wird schon demnächst passieren.

Mir war klar, dass es sich um mehr handelte, als um Hirngespinste eines jungen Menschen, der sich in einem leicht inzestuösen Zirkel hatte euphorisieren lassen. Es machte Sinn, dass die digitale Revolution den Bereich des Transports als einen der ersten erfassen und grundlegend verändern würde. Der Druck auf die Regierungen ist hier besonders hoch. Schließlich belasten Staus, Lärm und verpestete Luft die Volkswirtschaften und zerstören die Lebensqualität in Städten.

China etwa verlost deshalb Kennzeichen für Neuzulassungen von Autos nur noch, es sei denn, es handelt sich um die Neuzulassung eines Elektroautos. Der chinesische Elektroautohersteller Byd, den Branchenanalysten gerne übersehen, verkauft daher bereits mehr Elektroautos als sein oft genannter amerikanischer Konkurrent Tesla.

Ich brauchte nur ein paar meiner eigenen Beobachtungen und Bedürfnisse heranzuziehen, um selbst als Autofreak festzustellen, dass das Auto in seiner klassischen Form bald ein Sammelstück für Nostalgiker sein würde.

Ich bin geschäftlich viel im Auto unterwegs, erledige anstehende Telefonate auf dem Beifahrersitz und frage mich regelmäßig, wie der jeweilige Fahrer zu seinem Führerschein gekommen ist. Bei Taxis ist das etwas besser geworden, seit es Uber gibt, aber auch dort sitzen am Steuer noch immer Menschen, von denen sich viele selbst mit zahlenden Fahrgästen auf der Rückbank wie Kameltreiber benehmen. Die wenigsten Fahrer können offenbar die Aufgabe, einen Fahrgast ruhig und schnell von einem Ort zu einem anderen zu bringen, lösen.

Um ein Statement für eine neue Entwicklung in der Mobilität zu setzen, brach ich selbst meinen Grundsatz, nur Autos zu kaufen, die mindestens fünf Jahre alt sind, weil dann die Kosten-Nutzen-Rechnung am ehesten stimmt. Ich hatte die Entwicklungen bei Tesla beobachtet und Elektroautos lange als teure Spielzeuge mit mangelnder Reichweite betrachtet. Als ich jetzt einmal eine Probefahrt machte, war ich etwas unsicher, als mein Beifahrer auf der Autobahn ruhig sagte: »Sie können nun die Hände vom Steuer nehmen. Der Wagen macht alles selbst.«

Ich kaufte mir Anfang 2017 einen Tesla S, Modell P85 D, in multi-coat red als Vorführwagen für 100.000 Euro. Technisch ist es bei den neuesten Modellen bereits möglich, sie von der Wohnung aus zu rufen, worauf sie selbständig ausparken und vorfahren, bloß die rechtlichen Rahmenbedingungen dafür lassen noch auf sich warten.

Die selbstfahrenden elektrischen Autos werden sich unvermeidlich durchsetzen. Mercedes testet selbstfahrende Lastwagen, Volkswagen hat für 2020 den elektrischen I.D. als Golf-Ersatz mit 600 Kilometern Reichweite angekündigt und car2go, die beliebteste Carsharingplattform Europas, wird bald car2call heißen. Kunden werden früher oder später per Internet ein Fahrzeug an ihre Adresse holen, ihr Ziel eingeben und sich ohne Fahrer von Haustür zu Haustür bringen lassen.

Auch bei anderen Verkehrsmitteln werden Computerprogramme die Aufgaben übernehmen, die jetzt noch Fahrern vorbehalten sind. Die Stadt Wien testet bereits selbstfahrende U-Bahnen. Die Deutsche Bahn will ab 2021 selbstfahrende Züge nutzen, auf einigen Flughäfen sind sie bereits in Betrieb.

Die Zukunft des Verkehrs besteht damit aus selbstfahrenden Straßen- und Schienenverkehrsmitteln, die miteinander kommunizieren und an gemeinsamen Leitsystemen hängen, und die Kinder werden im Geschichtsunterricht erfahren, was Verkehrsstaus und Dieselemissionen waren.

Eine Entwicklung, die unschätzbare Vorteile, aber eben auch einen großen Nachteil hat. Denn europaweit sind geschätzte elf Millionen Menschen in der Transportbranche tätig, und es sieht schlecht aus für Chauffeure, Taxifahrer, LKW-Fahrer, Lokführer und U-Bahn-Fahrer sowie für all jene, die im Management dieser Bereiche arbeiten.

Die meisten Beschäftigten im Transportsektor werden sich künftig nur noch auf einige wenige neu entstehende Jobs als Verkehrsleittechniker oder Logistiker, die dann ganze Fahrzeugflotten steuern werden, bewerben können. Ihre Chancen dabei werden schlecht sein, und das nicht nur wegen der großen Konkurrenz durch andere Arbeitslose. Sie werden für diese Aufgaben nicht ausgebildet sein. Mit der Entwicklung zu elektrischen Autos werden zudem Jobs in der Autoindustrie wegfallen, weil elektrische Autos viel weniger Bauteile als herkömmliche Pkw haben.

Mir wurde während der Vorträge an der Singularity University klar, was passieren würde.

Die digitale Revolution wird die Mittelschicht überall
dort, wo wie im Transportwesen bestehende Probleme
die Volkswirtschaften belasten, und überall dort, wo
die Strukturen besonders starr und veraltet sind, als
Erstes treffen.

Beides gilt für das Bildungswesen, in dem ich selbst mit meiner Akademie Teil der kommenden Veränderungen bin. Unser Bildungssystem ist teuer und veraltet: Staatsbeamte tragen Dinge vor, die längst keine Geltung mehr haben, und Universitätsabsolventen strömen im Hinblick auf anwendbares Wissen mit dem gleichen Niveau wie Schulabgänger auf den Arbeitsmarkt. Das alles wird von einem ungeheuren Aufwand an Bürokratie begleitet.

Die älteren der Menschen, die jetzt im universitären Bereich arbeiten, werden bald das Gefühl haben, dass ihre Welt untergeht, und die jüngeren werden über die Ungünstigkeit ihrer Geburt klagen. Denn digitale Systeme werden das Bestehende ablösen und die meisten der ehrwürdigen Professoren und der Mitarbeiter in der Verwaltung, in den Bibliotheken, im Facility-Management oder im Sicherheitsdienst nicht mehr gebraucht werden.

An der Humboldt-Universität in Berlin etwa lehren 430 Professoren. Insgesamt beschäftigt die Universität, die seit 1810 Lehrveranstaltungen anbietet und damit die älteste der vier Universitäten Berlins darstellt, 3.500 Mitarbeiter, zu denen noch ungefähr 1.900 Hilfskräfte kommen. Der Jahresetat der Humboldt-Universität beträgt fast eine halbe Milliarde

Euro. Bei digitalen Akademien fallen naturgemäß wesentlich geringere Kosten an. Sie benötigen keine weitläufigen Räumlichkeiten, keine Hörsäle, Bibliotheken und Kantinen.

In digitaler Form käme die Humboldt-Universität mit weniger als einem Zehntel ihres Budgets aus. Zugleich könnte sie ihren Studenten ein moderneres Bildungsangebot zur Verfügung stellen, weil digitale Universitäten viel schneller auf neue Trends reagieren können. Sie holen sich einfach den besten Experten zu einem Thema, nehmen einen Kurs mit ihm auf und stellen ihn online. Paradoxerweise ist der Studienbetrieb an einer digitalen Universität sogar noch persönlicher. Denn was ist persönlicher? Wenn Studenten ihre Professoren aus der hintersten Bankreihe in Opernglasdistanz zu sehen bekommen und nach wochenlangen Wartezeiten vielleicht einen Termin bei ihnen kriegen, oder wenn sie bei regelmäßigen Live-Chats mit ihnen Kontakt aufnehmen können?

Digitale Akademien stellen derzeit nur eine Ergänzung zu den klassischen Universitäten dar, doch es ist nur eine Frage der Zeit, bis sie das alte System ablösen werden.

Meine Akademie beabsichtigt, in Zusammenarbeit mit einer universitären Einrichtung einen MBA (Master of Business Administration) anzubieten, und in dieser Richtung wird die Entwicklung weitergehen. Die einzige Hoffnung der Mehrheit der klassischen Universitäten liegt in staatlichen Interventionen.

Doch selbst die werden auf Dauer nichts bringen. Allein schon die ökonomischen Rahmenbedingungen werden Fakten schaffen. Die Staaten werden sich sinnlos aufgeblähte Universitäten, die schlechte Ergebnisse liefern, auf Dauer weder leisten wollen noch leisten können.

An den Universitäten, an denen ich vortrage, fragen die Professoren gerne bei mir nach und hören mir aufmerksam zu. Sie spüren den Druck schon, und die kommende Entwicklung wird für sie nicht nur finanzielle Probleme bedeuten. Mit der digitalen Revolution geht für sie auch ein beträchtlicher Statusverlust einher. Angesehene Akademiker, von denen sich einige hinter ihren Rednerpulten und Schreibtischen vielleicht noch immer sicher wähnen, werden in Zukunft um einige wenige Arbeitsplätze kämpfen. Sie werden ihre Expertise entweder zum Spottpreis anbieten müssen oder gar keine Arbeit mehr finden.

Das gleiche Schicksal wird Millionen im Gesundheitswesen tätige Menschen treffen, denn es ist mindestens so überteuert, bürokratisch und ineffizient wie das Bildungswesen. Jeder weiß das, der schon einmal mit akuten Schmerzen in einem Krankenhaus war und dort vier Fünftel der Zeit mit dem Ausfüllen von Formularen befasst war, ehe endlich ein Arzt sich seines Problems annahm. Dass sich derartiger veralteter Unsinn und Strukturen, die sich zu einem wesentlichen Teil nur noch mit sich selbst beschäftigen, in einer an Effizienz ausgerichteten digitalen Welt nicht halten werden, ist klar.

Die technischen Möglichkeiten für eine Revolution im Gesundheitswesen sind bereits vorhanden. »Einige von Ihnen werden in 100 Jahren noch am Leben sein«, leitete der für das Thema zuständige Google-Nerd an der Singularity University seinen Vortrag ein. Alle sahen sich um. Ich ebenfalls. Das Durchschnittsalter des Publikums lag geschätzt bei 40 Jahren. Die Zukunft der Medizin stellen, wie es der Redner in der Folge ausführte, präventive Maßnahmen dar. Computerprogramme können bereits heute bessere medizinische Anfangsdiagnosen stellen als viele Ärzte. Denn jeder noch so gute Arzt stößt irgendwann an die Grenzen seiner Lernfähigkeit, während die medizinischen Programme immer weiteres Wissen aufnehmen können. Sie tauschen neue Informationen in Sekundenbruchteilen untereinander aus. Sie kennen die Daten von Millionen anderer Patienten und können daraus ihre Rückschlüsse ziehen, eine Erstdiagnose formulieren und ein Rezept oder eine Überweisung ausstellen. Als eine der Folgen davon wird die Weiterentwicklung der Prävention auf Basis ständiger Datenerhebung und -analyse sowie neuen Möglichkeiten bei der Reparatur menschlicher Körperteile und Organe die Lebenserwartung tatsächlich deutlich steigen lassen.

Aufhalten lässt sich diese Revolution im Gesundheitswesen nicht. Denn der technologische Fortschritt und die finanzielle Realität der Staaten wird die digitale Revolution wie bei den Universitäten auch in diesem Bereich von der politischen Entscheidungsfrage weg zu einem selbständigen und unaufhaltsamen Prozess machen.

Ein paar grundlegende, neue Fragen werden zu beantworten sein.

Welches Rentensystem der Welt ist darauf
vorbereitet, dass Menschen 140 Jahre alt werden?

Wie viele Menschen, die nach ihrem 70. Geburtstag
noch einmal 70 Jahre leben, werden reich genug sein,
um ihren Lebensunterhalt selbst zu bezahlen?

Ist es fair, dass Menschen mit genügend Geld sich
in Zukunft nicht nur Lebensqualität, sondern auch
Lebenszeit kaufen werden können?

Doch gleich als Erstes wird sich eine ganz pragmatische
Frage stellen.

Was wird mit den Millionen Mitarbeitern des
klassischen Gesundheitswesens passieren, die ein
modernes digitales Gesundheitswesen nicht mehr
brauchen wird?

Spezialisierte Ärzte wie Chirurgen werden ihre Jobs behalten,
für gute praktische Ärzte wird es ebenfalls Arbeit geben. Doch
die typischen Pulverdoktoren, die derzeit die Mehrheit bilden,
und die die Tage in ihren Praxen mit dem Erstellen von Erst-
diagnosen, dem Verschreiben von Medikamenten und mit
dem Ausstellen von Überweisungen zu Spezialisten verbringen, werden in absehbarer Zeit großteils überflüssig werden.
    Genau wie weite Teile des jetzigen Krankenhauspersonals.
Denn die Rechner, die künftig Patientendaten verarbeiten

werden, werden mit den Krankenhäusern der Zukunft verbunden sein und eine schnelle und effiziente Behandlung ermöglichen. Patienten werden nicht mehr nach der Methode »Versuch und Irrtum« zahllose Diagnoseverfahren und Therapieformen durchlaufen müssen.

Krankenhäuser werden auch deshalb weniger Betten und damit weniger Mitarbeiter benötigen, weil durch die Ablösung der reaktiven durch die präventive Medizin stationäre Aufenthalte weitaus seltener sein werden. Statt 40 Ärzten wird es nur noch zehn geben. Statt zehn Krankenschwestern nur noch drei. Der Rest der jetzigen Krankenhausmitarbeiter wird dann mit einer überflüssigen Ausbildung dastehen, die nicht mehr zählen wird als der Grundschulabschluss, weil es schlicht keine dazu passenden Arbeitsplätze mehr geben wird.

Von den etwa 5,2 Millionen Beschäftigten im deutschen Gesundheitswesen werden langfristig mindestens zwei Millionen arbeitslos werden. Viele von ihnen werden sich als Teil der unteren sozialen Schichten im Leben neu orientieren müssen.

Doch der Druck auf die Staaten, die mit der digitalen Revolution entstehenden technischen Möglichkeiten zu nutzen, muss nicht nur durch zu hohe Kosten und mangelnde Effizienz der Systeme wachsen. In Singapur beispielsweise verursachen ihn die von der Regierung selbst in den vergangenen Jahren etablierten Hemmnisse zur Beschäftigung ausländischer Arbeitskräfte. Vor allem die Betriebe der Gastronomie und des Dienstleistungssektors wissen nicht mehr, woher sie qualifizierte Mitarbeiter nehmen sollen. Die Lösung für das Problem sind Roboter.

So ist es in dem nahe der Nationaluniversität Singapur gelegenen Chilli Padi Nonya Café ein Roboter, der statt eines Kellners die leeren Gläser und Teller von den Tischen abräumt. Den Gästen gefällt das. Sie kommen wieder, um den Roboter noch einmal zu sehen. »Würden Sie mir helfen, Ihren Tisch abzuräumen?«, fragt er sie dann.

Selbst in den Krankenhäusern von Singapur arbeiten Roboter. Im Mount-Elizabeth-Krankenhaus etwa kontrolliert ein Roboter den Zustand der Patienten auf der Intensivstation. Laut den Ärzten steigert er die Sicherheit der Krankenhauspatienten maßgeblich.

Sogar in selbstfahrenden Taxis kann man sich in Singapur bereits fortbewegen. Das US-amerikanische Start-up *nuTonomy* bietet Testfahrgästen seit April 2016 die Möglichkeit, in einem solchen Taxi zu fahren. Um die Sicherheit der Testpersonen zu gewährleisten, ist im Moment noch bei jeder Fahrt ein Techniker mit im Auto.

Dass der technische Fortschritt sich rasch weiterentwickelt, dafür sorgt in Singapur die Regierung. Sie wird bis 2020 einen dreistelligen Millionenbetrag in die Beschäftigung von Robotern investieren, etwa indem sie den Kauf der im Moment noch rund 31.000 Euro teuren Servier-Roboter durch Gaststätten wie das Chilli Padi Nonya Café zu 70 Prozent subventioniert.

Noch gehören selbst in Singapur die Roboter nicht zum Alltag, und Kunden beschweren sich zum Teil über ihre

Langsamkeit und ihre technischen Mängel. Doch das kann sich schnell ändern, wenn der Praxisbetrieb einmal wirklich begonnen hat.

Wie schnell sich die technischen Möglichkeiten entwickeln können, hat Tesla gezeigt. Vor fünf Jahren las ich in einer Autozeitschrift den Bericht eines Testers, der mit einem Elektroauto die 500 Kilometer von Wien nach Tirol gefahren war. Sein Resümee damals: »Ich schwöre, mir so etwas nie wieder anzutun.« 2016 testete er dennoch erneut einen Tesla, Model S P90D, auf einer Fahrt von Wien ins 1.300 Kilometer entfernte Paris. Sein Fazit diesmal: »Ich schwöre, mir einen Tesla zu kaufen, sofern es mein Konto irgendwann zulässt.« Er hatte für die Strecke im Vergleich zu einer Fahrt in einem Auto mit Verbrennungsmotor nur noch etwa 15 Prozent länger gebraucht.

Der Punkt dabei ist: Wenn Roboter-Kellner und -Krankenschwestern sowie selbstfahrende Taxis, die der Mittelschicht zusätzlich viele Jobs im Management des bisher benötigten Personals wegnehmen werden, sich in Experimentierfeldern wie Singapur schon so weit entwickelt haben, dass Kunden bald mit ihnen ganz zufrieden sein werden, warum sollten dann Dienstleister in anderen Ländern nicht ebenfalls damit arbeiten?

Spitzenmanager der 350 größten Unternehmen der Welt gaben bei einer Umfrage an, dass künstliche Intelligenz bereits bis 2021 in den 15 führenden Ländern 5,1 Millionen Arbeitsplätze vernichten wird. Zwei Drittel werden nicht etwa Arbeitsplätze in Fabriken sein, die ohnedies bereits weitgehend automatisiert sind. Es werden typische Mittel-schichtsjobs in den Büro- und Verwaltungsbereichen sein. Eine Studie der Universität Oxford besagt sogar, dass 47 Prozent der Mittelschichtsjobs in den USA verschwinden werden.

Welchen Geschäftszweig die Google-Nerds auch auf der Bühne der Singularity University abhandelten, das Thema war im Kern immer das Gleiche. Sie beschrieben wundervolle Veränderungen, doch die Gesellschaft, die von ihnen profi-tieren wird, wird eine andere sein. Die Digitalisierung der Welt wird sie zumindest kurzfristig schnell, gründlich und schmerzhaft in eine mit wenigen Reichen und vielen Armen verwandeln.

DAS GROSSE VERDRÄNGEN

Ich reiste nach London, um mich mit Kapitalgebern und Fondsvertretern zu treffen. Mein Ziel war es, Kapital für einen Immobilieninvestor zu beschaffen, der damit ein größeres Bauvorhaben verwirklichen wollte.

Ich flog einen Tag früher hin, um die Gelegenheit für ein Treffen mit Freunden zu nutzen. Wir aßen bei einem Italiener in der Savile Row. Das Essen war gut. Ich hatte Thunfischtatar und Hummerspaghetti bestellt, und danach zogen wir noch durch einige der angesagten Bars, von denen es in diesem Viertel Londons nur so wimmelt.

Irgendwann in der Nacht fing es zu regnen an. Das bemerkte ich, als ich um drei Uhr morgens aus einer Bar trat, um mich auf den Heimweg zu machen. Eigentlich wollte ich zu Fuß zu meinem Hotel gehen. Ein Spaziergang erfrischt mich nach so einer Nacht, aber ich hatte keine Lust, klatschnass zu Hause anzukommen.

Während ich unschlüssig in der Tür stand, fiel mir ein davor parkender Jaguar XJ 6 auf, eine gepflegte Limousine in der Farbe British Racing Green. Ich habe eine Vorliebe für britische Autos und besitze selbst zwei Sportwagen dieser Herkunft. Während mein Blick noch auf dem Jaguar ruhte, ließ der Fahrer das Fenster herunter. »Do you need a ride, Sir?«, fragte er höflich.

Erst jetzt begriff ich, dass es sich um ein Taxi handelte. Ich nannte dem Fahrer mein Hotel. Für die eher kurze Fahrt dorthin wollte er 20 Pfund, damals umgerechnet etwa 30 Euro, aber es war eben kein gewöhnliches »Black Cab«. Der Fahrer, ein etwa 35 Jahre alter Mann, war elegant gekleidet. Ich stieg also ein und wir fuhren los. »Woher haben Sie so ein schönes Auto?«, fragte ich.

»Das stammt noch von meinem früheren Job«, erklärte er. Es stellte sich heraus, dass er vor wenigen Jahren noch Wertpapierhändler in der City gewesen war. Mehr brauchte er nicht zu sagen. Den Großteil des Handels mit Wertpapieren wie Aktien und Futures hatten lange Zeit Händler in grauen Anzügen erledigt, doch diese Zeiten waren vorbei. Computerprogramme, die keine Kaffeepausen benötigen und sich nie krankmelden, haben sie abgelöst und machen höhere Gewinne als sie.

Ich habe schon ehemalige Börsenhändler kennengelernt, die Wirte oder Bauern geworden sind, und dieser hier fuhr also ein nobles Taxi. »Mich hat die Digitalisierung erwischt«, bemerkte er, als ein Gespräch in Gang kam. »Ich mag meinen neuen Job sogar, aber die Digitalisierung wird mich bald erneut erwischen. Zwei oder drei Jahre geht das vielleicht noch, aber schon jetzt fahren viele nur noch mit Uber, aber mit Uber ist nichts zu verdienen. Spätestens wenn die selbstfahrenden elektrischen Taxis kommen, sind die Black Cabs mit ihrem ganzen Mythos und ihrer ehrwürdigen Taxi-Akademie Geschichte.«

»Haben Sie schon neue Pläne?«, fragte ich ihn.

»Ich arbeite seit einer Weile daran, alles andere wäre verantwortungslos. Schließlich habe ich eine Frau und eine kleine Tochter.«

»Da haben Sie immerhin vielen anderen, die ebenfalls durch die Digitalisierung ihren Job verlieren werden, etwas voraus«, ermunterte ich ihn.

»Da haben Sie recht«, antwortete er, als wir schon vor meinem Hotel hielten und er sich umdrehte, um mir die Rechnung zu reichen. »Die Leute verdrängen das. Es ist kaum zu glauben, in welchem Ausmaß sie das tun.«

Ich wusste, was er meinte, denn ich hatte lange genug selbst zu den Verdrängern gehört. Doch nach meiner zweiten Reise ins Silicon Valley hatte ich mich zwei Dinge gefragt.

Erstens. Warum habe ich so lange gebraucht, um dermaßen offensichtliche Entwicklungen wie die digitale Revolution und ihre Folgen zu erkennen?

Zweitens. Warum ignorieren so viele Europäer beharrlich weiterhin diese unübersehbaren Veränderungen?

In den USA ist das anders. Dort hat bereits jeder Hotdog-Verkäufer verstanden, dass er in Zukunft am Arbeitsmarkt und im Geschäftsleben eine digitale Identität brauchen wird. In Europa hingegen herrscht weiterhin die Grundstimmung, in der auch ich mich vor zwei Jahren noch befunden hatte. Jüngst unterhielt ich mich bei einem Mittagessen mit einem Immobilienmakler über die digitale Revolution und ihre Folgen. Der Mann hatte dazu eine klare Meinung.

Wird schon alles nicht so schlimm.

Das ist eines von zwei Kernargumenten der Verdränger. Ich stellte ihm deshalb die Frage, die ich allen Verdrängern stelle.

Was glauben Sie, wohin das alles führt? Glauben Sie, die Digitalisierung ist eine Modeerscheinung und irgendwann wird alles wieder so wie früher sein?

Daraufhin brachte er das zweite Kernargument der Verdränger vor.

Vielleicht werden einige betroffen sein, ich aber nicht.

»Klar gewinnt das Internet immer mehr an Bedeutung und die Jugend ist da im Vorteil«, sagte er. »Deshalb bricht aber noch lange nicht alles andere zusammen. Wie, bitteschön, soll denn ohne Immobilienmakler eine Wohnung, eine Geschäftsfläche oder ein Büro vom Vermieter an einen Mieter oder von einem Verkäufer an einen Käufer gelangen? Immobilienmakler wie mich wird es weiterhin geben.« Der Mann irrte in zwei Punkten.

Irrtum eins. *Auch die Jugend verdrängt zum Teil das Problem.* Jüngst erzählte mir Johannes, ein 26 Jahre alter Wiener Filmemacher, den ich in Berlin kennengelernt hatte und der nebenbei an einer neuen Party-App arbeitet, dass er selbst in seiner Altersgruppe keinen Programmierer für diese finden kann. Deshalb verzögere sich die Verwirklichung seines Projektes ständig. »Wenn einer programmieren kann, kriegt er auf jeder Party drei Jobangebote und weiß irgendwann nicht mehr, wie er sich dagegen wehren soll«, erklärte er mir. Dabei mangle es seiner Altersgruppe nicht nur an der Fähigkeit zum Programmieren, berichtete er. Er schätzte, dass bis zu 50 Prozent selbst der jungen Menschen nie richtig in der digitalen Welt Fuß fassen werden. »Sie kennen die Bedienfunktionen der gängigsten Plattformen, aber das ist dann auch schon alles. Dass sie damit beruflich ein Problem kriegen werden, verdrängen sie.«

Ich fragte daraufhin bei einem Vortrag an der Schweizer Universität St. Gallen die Studenten nach ihrer Online-Affinität: »Wer von euch hat in den sozialen Medien ein Profil mit 5.000 oder mehr Likes oder Followern? Wer von euch hat schon einmal Facebook, Amazon oder YouTube für kommerzielle Zwecke genutzt und nicht nur als Konsument? Wer von euch kann programmieren?«

Nur wenige Hände gingen hoch, und das an einer Eliteuni, wohlgemerkt. Auf die Frage, wer einmal ein Eigenheim will oder ein großes Auto, gehen dagegen viele Hände hoch. Dass so wenige Studenten wirklich Teil der digitalen Revolution sind, ist kein Einzelfall. An vielen Unis, an denen ich Vorträge halte, zeigt sich mir ein ähnliches Bild. Die Verdränger unter den jungen Menschen gibt es schon in den Schulen, was besonders tragisch ist, weil sie dort die falschen Richtungsentscheidungen treffen. Deshalb starten sie schlecht vorbereitet ins Berufsleben. Das lässt sich hinterher nur noch schwer korrigieren.

Schüler sollten vor ihrer Studienwahl oder ihrem Berufseintritt die Veränderungen am Arbeitsmarkt aufmerksam beobachten und Ausbildungen in Fächern vermeiden, die sie zu Gefangenen einer mit der digitalen Revolution untergehenden Branche machen. Das klingt selbstverständlich, doch nicht alle tun das. Viele schauen lieber gar nicht hin.

So hielt ich vor einiger Zeit an einer Schule in Kärnten einen Vortrag. Danach hatten die Schüler Gelegenheit, mir Fragen zu stellen. Ein schmächtiger Junge mit schwarz gefärbten Haaren meldete sich. »Was soll ich studieren, um Erfolg im Leben zu haben?«, fragte er mich.

Ich gab ihm die Antwort, die ich stets in solchen Fällen gebe. »Was hältst du von einer Kombination aus Maschinenbau und Informatik? Oder Biotechnologie und Informatik? Oder Datenanalyse, Statistik und Wirtschaft? Die Nachfrage nach jungen Menschen mit diesen Ausbildungen wächst enorm, und du wirst am Arbeitsmarkt in Platin oder Diamanten aufgewogen werden.«

Der Junge wirkte entmutigt. »Das interessiert mich alles nicht«, sagte er. »Ich will etwas studieren, das Spaß macht. Psychologie oder bildende Kunst.«

»Dann genieße dein Studium«, erwiderte ich. »Denn nach deinem Abschluss wirst du vermutlich arbeitslos sein. Du wirst nicht einmal mehr Taxi fahren können, weil es in zehn Jahren keine Taxifahrer mehr geben wird.«

»Das ist nicht fair«, beschwerte er sich. »Irgendjemand muss mir doch einen Job geben.«

»Wer muss dir einen Job geben?«, fragte ich zurück. »Niemand. Deine beste Chance besteht darin, etwas zu lernen, nach dem die Nachfrage höher als das Angebot ist.«

Irrtum zwei. *Auch die Immobilienmakler werden verschwinden.* Es wird sehr wohl schon bald Möglichkeiten geben, mit denen eine Wohnung, eine Geschäftsfläche oder ein Büro ohne Immobilienmakler vom Vermieter an einen Mieter oder von einem Verkäufer an einen Käufer vermittelt werden kann. Die Zeit der Immobilienmakler, die nur Türen auf- und wieder abschließen und teils weniger über eine Immobilie wissen als im Internet nachzulesen ist, läuft ab. Die digitale Revolution gefährdet ihre Jobs gerade von mehreren Seiten gleichzeitig.

Zum einen wird es ständig einfacher und günstiger, professionelle Videos herzustellen, durch die viele Besichtigungstermine wegfallen werden. Interessenten für neu gebaute Wohnungen werden sie in der virtuellen Realität besichtigen, und zwar samt Einrichtung und noch vor Baubeginn. Bei Luxusimmobilien in einem bestimmten Preisbereich werden vielleicht weiterhin Makler vor Ort sein. Doch 60 Prozent der jetzigen Maklerjobs werden früher oder später wegfallen, und mindestens weitere 30 Prozent werden sich gründlich ändern und Fertigkeiten im Umgang mit den neuen digitalen Möglichkeiten voraussetzen.

Außerdem werde ich, sobald die Technik dafür ausgereift ist, bei meinen Wohnungen Codeschlösser verwenden, für die meine Mitarbeiter an Interessenten Zugangscodes wie für das Boarding vor einem Flug verschicken können.

Wenn ich bei meinen Vorträgen über diese Dinge rede, reagieren die Verdränger teils richtig aggressiv. So zum Beispiel, als ich vor Immobilienmaklern über die Sache mit den Schlüsselcodes und die Videobesichtigungen sprach. Ich stellte ihnen die Frage, die sich jeder Berufstätige stellen sollte.

Wer wird Sie noch brauchen, wenn sich die technischen Möglichkeiten nur noch ein wenig verbessern, was sie bestimmt tun werden? Was wird der Wert sein, durch den Sie sich dann von einem Computerprogramm unterscheiden?

Das Publikum starrte mich entgeistert an. »Herr Hörhan, das ist unerträglich«, bemerkte einer der Verdränger. »Was Sie vortragen, ist bösartig. Das müssen wir uns nicht gefallen lassen.«

Doch nach dem Vortrag kam der gerade einmal 14 Jahre alte Sohn des Mannes zu mir. »Sie haben recht«, bestätigte er. »Mein Vater versteht das nur nicht.«

Ein anderes Mal schilderte ich Versicherungsmaklern bei einem Vortrag ihre Zukunft. »Derzeit schützen gesetzliche Regelungen Sie noch vor der digitalen Revolution, dennoch werden Sie Ihre Jobs so, wie sie sind, nicht in die Zukunft retten können«, sagte ich. »Denn die Versicherungskonzerne entdecken gerade, wie gut sie ihre Produkte online verkaufen können. Bald werden sie sich keine teuren Makler mehr leisten, die fünf Prozent Provision kassieren und regelmäßig unterhalten und bewirtet sein wollen. Computer brauchen nur ein bisschen Strom und zwei Mal im Jahr eine Wartung.«

Ein Unternehmen, das ein halbes Dutzend Fabrikgebäude versichern wolle, würde sich vielleicht noch an einen Makler wenden, erklärte ich. Doch der größte Teil des Geschäfts, der Verkauf von Lebensversicherungen, Kfz-Versicherungen und Ähnlichem, findet schon jetzt und erst recht in Zukunft digital statt. Ich kann mich gar nicht erinnern, wann ich selbst zum letzten Mal mit einem Versicherungsmakler gesprochen habe. »Wozu sollte ich das auch tun?«, fragte ich mein Publikum. »Ich vergleiche Preise und Leistungen von Versicherungen online und entscheide mich auf dieser Grundlage. Das ist so naheliegend, dass es früher oder später so gut wie alle Versicherungskunden tun werden, und Ihre Arbeitgeber werden sich über jeden von Ihnen, den sie durch eine digitale Verkaufsplattform einsparen können, freuen. Sie sparen sich

Provisionen und können ihre höheren Renditen selbst ein-
stecken oder als Preisvorteil an ihre Kunden weitergeben.«
Starr und stumm lauschte mein Publikum meinen weite-
ren Ausführungen. »Es geht noch weiter«, fuhr ich fort. »Die Versicherungskonzerne werden die digitalen Möglichkeiten sogar nutzen
müssen, um zu überleben. Denn die Versicherungsbranche
ist das perfekte Beispiel für einen alt, fett und langsam
gewordenen Wirtschaftszweig, der sich auf seinem Erfolg
ausgeruht hat. Veränderungen waren jahrzehntelang nicht
notwendig, weil die Erträge kontinuierlich gestiegen sind.
Doch jetzt sorgen die wirtschaftlichen Rahmenbedingungen
für die ersten Sprünge, mit deren Hilfe die digitale Revolution die Beharrungskräfte des Bestehenden überwinden kann.
Denn in Zeiten niedriger Zinsen tun sich die Versicherer mit
den hohen Kosten für ihre bürokratisch aufgeblähten Apparate und ihrem teuren Vertrieb immer schwerer, Erträge zu
erwirtschaften. Vor allem Versicherungskonzerne, die nicht
rechtzeitig auf Immobilien gesetzt haben, können ihr Kapital
kaum noch gewinnbringend anlegen. Die Digitalisierung
ist ihre beste Chance, zu sparen. Nicht nur der Großteil von
Ihnen wird damit arbeitslos, auch aus den Zentralen Ihrer
Arbeitgeber wird ein Heer überflüssig gewordener Mitarbeiter auf den Arbeitsmarkt strömen.«

Ich hatte meine Rede als Weckruf gemeint. Schließlich hatte jetzt jeder meiner Zuhörer noch die Möglichkeit, sich wie
der Londoner Nobel-Taxifahrer auf die Zukunft einzustellen
und womöglich sogar davon zu profitieren. Doch es war nicht

gerade Dankbarkeit, was mir da aus dem Publikum entgegenkam. Ich musste vielmehr froh sein, dass mich niemand mit faulen Eiern oder Tomaten bewarf.

Auch in meiner eigenen Branche, der Finanzbranche, treffe ich jeden Tag Verdränger. Zuletzt, als ich in Hamburg und zum Mittagessen mit einem Bekannten verabredet war, der dort bei einer lokalen Bank arbeitet. Er versteht etwas von Finanzen und macht seine Sache gut. Alle paar Monate, wenn ich geschäftlich in Hamburg bin, gehe ich mit ihm essen.

Bei unserem jüngsten Treffen in einem Restaurant an der Alster wollte ich von ihm wissen, welche Veränderungen des Bankgeschäfts aufgrund der digitalen Revolution er kommen sieht. »Was bekommst du davon mit?«, fragte ich ihn.

Er winkte ab. »Das eine oder andere Start-up entsteht, aber es ist nichts dabei, das uns Sorgen macht«, berichtete er.

»Sieh dich besser vor«, sagte ich, während der Kellner Seezunge mit Salat, eines meiner Lieblingsessen, servierte. »Diese kleinen Start-ups können dich eines Tages deinen Job kosten.«

Er schüttelte den Kopf. »Klassische Banken mit einem Filialnetz wird es immer geben«, erwiderte er. »Schließlich wollen Kunden betreut werden. Die Banken werden weniger Mitarbeiter haben, schon klar, aber trotzdem noch so viele, dass sich die guten Leute keine Sorgen machen müssen.«

»Aber was ist mit dem nationalen und internationalen Zahlungsverkehr?«, fragte ich ihn. »Der findet größtenteils schon jetzt digital statt, und so wird es auch anderen Bereichen gehen. Was ist mit den vielen Bankenmitarbeitern, die

Finanzprodukte an Kleinanleger verkaufen. Wer braucht die in Zukunft noch?«

Er zuckte mit den Schultern. »Banken werden auch in Zukunft Finanzprodukte an Kleinanleger verkaufen.«

»Ich habe selbst schon die ersten Robo-Advisors in Aktion erlebt«, entgegnete ich.

Er wusste nicht, wovon ich sprach. »Robo-Advisors erstellen digital ein Anlagepaket und stimmen es aufgrund der Daten, die du eingibst, genauer auf deine Wünsche, Bedürfnisse, Ziele und Möglichkeiten ab, als es der beste Finanzberater könnte«, erklärte ich. »Glaubst du wirklich, dass Kleinanleger trotz dieser neuen Möglichkeiten darauf bestehen werden, sich von Provisionsschindern beraten zu lassen, die ihre Ahnungslosigkeit in Sachen Geld schon alleine dadurch belegen, dass sie selbst keines haben? Sie werden vielmehr herausfinden, dass digital gekaufte Anlageprodukte günstiger und die Ergebnisse besser sind.«

Als unsere Cappuccinos kamen, hätte mein Bekannter gerne das Thema gewechselt, doch ich ließ es nicht zu. »Selbst die Vergabe von Klein- und Konsumentenkrediten wird künftig digital erfolgen«, sagte ich. »Kennst du das Start-up Lendico?«

Er hatte davon noch nicht gehört.

Ich erklärte ihm das System der Plattform, auf der Kleinanleger zum Beispiel einem Handwerksbetrieb, der kurzfristig eine Finanzierung für einen neuen Lieferwagen braucht, Geld leihen können. »Solche Konzepte werden sich durchsetzen«, bemerkte ich zusammenfassend, »und dann sind die Bankmitarbeiter, die sich jetzt mit solchen Krediten beschäftigen, arbeitslos.«

Lustlos rührte er in seinem Kaffee. »Es wird so viel schwarzgemalt.«

Ich sprach trotzdem noch über die bereits laufenden, massenhaften Schließungen von Bankfilialen, die mit sich bringen, dass der »kleine Bankangestellte«, jahrzehntelang ein Synonym für einen unselbständig Berufstätigen der Mittelschicht, ausstirbt. Und darüber, dass es nicht nur die »Kleinen« treffen wird.

»Schau doch in die Handelsräume der Börsen«, fuhr ich fort. »Vor 30 Jahren haben sich dort Hunderte Menschen gegenseitig überschrien, um im Sekundentakt Aktien zu kaufen und zu verkaufen. Heute ist es still in der Londoner Stock Exchange. Algorithmen machen die Arbeit der Händler.«

»Es gibt immerhin noch ein paar gesetzliche Regelungen, die uns vor dem digitalen Chaos schützen«, wandte er ein.

Da hatte er recht. So ist etwa für viele Geschäfte eine Banklizenz Voraussetzung, und die ist ziemlich teuer. Wer eine haben will, benötigt mindestens fünf Millionen Euro Eigenkapital, dazu Rechtsanwälte und Gutachten für den Antrag, Personal vom Vorstand bis zum Compliance Manager und teure bauliche Einrichtungen und IT-Systeme. Start-ups haben die in der Summe dafür nötigen rund zehn Millionen Euro in der Regel nicht. Sie könnten theoretisch mit einer Idee für den digitalen Finanzmarkt bei einer etablierten Bank andocken, wären dann aber von ihr abhängig und müssten außerdem erst eine finden, die mitmacht. Doch es gibt bereits rein digitale Banken. Die größte mit etwa 200.000 Kunden ist die N26. Auch in der Finanzbranche werden viele der Mittelschichtsjobs auf Dauer nicht vor der digitalen Revolution zu retten sein. Zu groß wird auch hier der Druck werden, teure und ineffiziente Strukturen abzuschaffen.

Der Druck wird unter anderem deshalb steigen, weil die Akteure des Finanzsystems im Verhältnis zu ihren Leistungen meist überbezahlt sind. Egal ob sie Wirtschaftsprüfer, Notare, Fondsmanager, Investmentbanker oder Rating-Experten sind, die meisten von ihnen gehören der oberen Mittelschicht an. Niemand hat bisher ihre Bedeutung und ihre Existenzberechtigung angezweifelt, sie selbst schon gleich gar nicht. Sie halten sich für unersetzbar, doch das sind sie nicht. Denn der Großteil von ihnen schiebt nur Geld und viel Papier von einer Stelle an eine andere. Eine Tätigkeit, die in einer Welt der digitalen Prozesse anachronistisch ist.

»Willst du mir den Tag vermiesen?«, fragte mein Bekannter, als ich ihm das alles gesagt hatte.

»Es geht darum, aufzuwachen«, erwiderte ich. »Es müsste doch jeder Investmentbanker zugeben, dass selbst Investmentbanking schon jetzt nicht mehr die tolle Branche voller Möglichkeiten zum Geldverdienen ist, die sie einmal war. Beispielsweise stammen die Analystenreporte, die früher ausgebildete Mathematiker geschrieben haben, mittlerweile teilweise schon von Computerprogrammen.«

»Du bist heute schrecklich negativ«, sagte er. »Lass uns lieber über andere Dinge sprechen. Fliegst du diesen Winter wieder nach Miami?«

Ein anderes Mal sprach ich mit einem Rechtsanwalt über die Auswirkungen der digitalen Revolution auf seinem Fachgebiet. Er verhöhnte mich geradezu. »Und wie stellst du dir das vor?«, fragte er mich. »Ein Roboter stelzt auf Metallbeinen durch den Gerichtssaal und hält mit einer Navi-Stimme ein Schlussplädoyer?«

Er schien das richtig witzig zu finden, doch das Lachen wird ihm bald vergehen. Aus zwei Gründen.

Grund eins. *Robo-Anwälte gibt es bereits.* Die Arbeit von Anwälten besteht nicht nur aus Gerichtsterminen, sondern zu einem wesentlichen Teil aus Aktenstudium und Datenanalyse, und dorthin ist die digitale Revolution bereits vorgedrungen.

Im Frühjahr 2016 trat der erste Robo-Anwalt mit dem Kosenamen »Ross« seinen Dienst in der amerikanischen Anwaltskanzlei Baker & Hostetler an. Ross analysiert für die Kanzlei Dokumente, Gesetzestexte, Aufzeichnungen und Anträge und sammelt dabei die für einen Fall wichtigen Informationen. Seine menschlichen Kollegen erteilen Ross die Aufträge mit einfachen Worten. Genau so, als handle es sich um einen für die Recherche zuständigen Mitarbeiter mit abgeschlossenem Studium der Rechtswissenschaften.

Bereits vor der Erfindung des Roboters konnten Kanzleien auf Suchmaschinen zurückgreifen, die auf juristische Themen spezialisiert waren. Doch Ross ist diesen klar voraus: Er ist in der Lage, die Funde zu verknüpfen und eigene Hypothesen zu entwickeln. So kann der Roboter die maßgeblichen Dokumente heraussuchen und zugleich beurteilen, wie wichtig sie für den jeweiligen Fall sind. Dazu kommt, dass Ross alle Informationen über vergangene Fälle speichert. So verbessert sich seine Arbeit mit jedem Auftrag.

Für die Klienten der bisher als teuer bekannten amerikanischen Anwälte ist das gut. Denn Kanzleien, die Mitarbeiter durch Roboter ersetzen, können ihre Dienste zu geringeren Preisen anbieten. Für die Mittelschicht ist es schlecht. Denn Ross und seine digitalen Kollegen werden früher oder später zu Tausenden sein. Sie werden gut bezahlte Jobs eliminieren, und das natürlich nicht nur in den USA.

Grund zwei. *50 Prozent der anwaltlichen Tätigkeiten lassen sich automatisieren.* Dazu gehören ganze juristische Geschäftszweige wie die, die mit Rückerstattungsforderungen an Fluglinien aufgrund von Verspätungen ihr Geld verdienen. Nur noch selten greift schon jetzt bei so einem Fall ein Anwalt persönlich ein. Jemand tippt die Falldaten in eine Maske und das Programm erstellt, sobald alles passt, die Forderung. Auch viele Fälle aus dem Konsumentenschutzrecht und Tätigkeiten wie das Eintreiben von Schulden oder Auskunftstätigkeiten wie Firmenbuch- und Akteneinsicht lassen sich automatisieren. Dadurch wird der Bedarf an juristischem Personal ebenfalls sinken.

Besonders hartnäckige Verdränger sind die Beamten, wohl, weil sie bisher besonders wenig von der digitalen Revolution mitbekommen haben. Die Regierungen versuchen derzeit noch, die Jobs in der öffentlichen Verwaltung möglichst zu erhalten, um sich politische Schwierigkeiten mit den Beamtengewerkschaften zu ersparen.

Doch für die Staaten gilt, was für Branchen und Unternehmen gilt: Unter dem Druck ihrer wirtschaftlichen Rahmenbedingungen und der Staatsschulden werden sie sich nicht lange gegen die unvermeidbaren Veränderungen, die mit der digitalen Revolution einhergehen, wehren können. Steigende Budgetdefizite, verursacht durch ineffiziente Systeme, zwingen auch die Staaten zum Handeln.

Es gibt bereits Programme, die selbständig Briefe lesen, ihren Inhalt entschlüsseln und eine passende Antwort darauf formulieren können. Wenn ein Bürger dann zum Beispiel schriftlich nachfragt, wie hoch sein aktueller Rentenanspruch ist, erhält er eine ebenso prompte wie freundliche und informative Antwort, ohne dass sich je ein menschliches Wesen seiner Sache angenommen hätte. In Estland ist das E-Government bereits hoch entwickelt: Firmen gründen, Anträge einreichen, all das können Unternehmer dort digital tun, und die meisten anderen Länder werden früher oder später diesem Beispiel folgen.

Das Leben der Bürger wird dadurch nicht komplizierter, sondern einfacher, denn es ist fragwürdig, ob der menschliche Faktor, den die Anwesenheit menschlicher Beamter in die Abwicklung solcher Vorgänge bringt, wirklich notwendig ist. Als ich das letzte Mal meinen Reisepass verlängern ließ, wechselte der Beamte, der mich betreute, kein Wort mit mir. Er tippte meine Daten in einen Computer, drückte einen Stempel auf ein Blatt Papier und wies dann auf einen anderen

Schalter, über dem »Kassa« stand. Dort hatte ich bei einem weiteren Beamten eine saftige Gebühr zu bezahlen.

Dennoch kostet dieser Beamte den Staat mit seinem Gehalt, seinem Arbeitsplatz und allen Nebenkosten geschätzte 60.000 Euro im Jahr, ganz abgesehen von den Staatsausgaben für den Lohn, den Arbeitsplatz und die Lohnnebenkosten für den Kassierer. Was zur Folge hat, dass der Staat trotz hoher Pass- und anderer Gebühren in der Verwaltung Milliardenverluste macht.

Die Staaten werden deshalb anfangen, Verwaltungspersonal dieser Art durch Technologie zu ersetzen. Damit werden sie als größter Arbeitgeber für die Mittelschicht wegfallen.

Die anderen trifft es vielleicht, mich aber sicher nicht.

Es gibt ein paar Branchen, in denen die Argumente der Verdränger scheinbar stimmen, weil die digitale Revolution sie nicht gänzlich aus den Angeln heben wird. Aber meist eben nur scheinbar.

Die Verdränger unter den Installateuren zum Beispiel sagen, dass Computerprogramme niemals einen tropfenden Wasserhahn abdichten werden können. Doch vor allem mit der Liberalisierung der Gewerbeordnungen wird eine professionelle digitale Identität für selbständige Installateure ebenso unverzichtbar sein wie für die meisten anderen Handwerker.

So ging jüngst in einer meiner Wohnungen in Frankfurt ein Klo kaputt. Ich brauchte einen Installateur. »Schau im

Internet nach und nimm den Installateur aus der Umgebung, der die besten Bewertungen hat«, sagte ich zu einem Mitarbeiter.

Wie viele Menschen treffen bereits ihre Entscheidungen auf solchen Grundlagen, ohne sich dessen richtig bewusst zu sein? Der Installateur mit dem besten digitalen Auftritt kann die höchsten Preise verlangen und bekommt trotzdem die meisten Kunden. Der ganze Rest muss sich teilen, was übrigbleibt, und kann dann nur noch über die Ungerechtigkeit der Welt jammern.

Die Installateure, die diese Veränderungen nicht verdrängen, sondern handeln, werden angesichts der guten Geschäftsentwicklung vielleicht Filialen eröffnen und sich der Oberschicht annähern, die übrigen steigen sozial ab.

Zumindest einige der Geschäftsmodelle von Handwerkern wird die digitale Revolution vielleicht ganz aus den Angeln heben. Werden wir wirklich Häuser und Möbel weiterhin so bauen, wie wir es bisher getan haben? Oder bringt die digitale Revolution hier ebenfalls so fundamentale Änderungen mit sich, dass Dachdecker oder Maurer ein Schicksal wie die Hufschmiede am Ende des 19. Jahrhunderts erleiden? Denn auch die konnten sich bis zur Erfindung des Automobils nie vorstellen, dass das Transportwesen je ohne Pferde auskommen könnte. Und wohin etwa wird die Entwicklung der 3-D-Drucker gehen?

3-D-Drucker stellen dreidimensionale Objekte her, indem sie unter Steuerung eines Computers Lagen flüssiger oder fester Materialien aufeinanderschichten. Das chinesische

Unternehmen The Zhuoda Group hat bereits gezeigt, wie groß das Potential von 3-D-Druck im Hausbau ist, indem es in nur zehn Tagen die Bestandteile eines Hauses mit Wohnzimmer, Schlafzimmer, Küche, Bad und Balkon druckte und die Bestandteile anschließend zusammenfügte.

Auch Schlosser werden ihre Zukunft ganz sicher neu planen müssen, denn je stärker sich Schlüsselcodes durchsetzen, desto weniger herkömmliche Schlüssel wird es geben. Neue Schlüsselformen anfertigen und Schlüssel nachmachen, derzeit ein gutes Geschäft, wird wegfallen. Der Großteil der Arbeit wird eine andere sein. Die neue Aufgabe wird darin bestehen, IT-Systeme zu verwalten.

Die Verdränger unter den Wirten dagegen sagen, dass Computerprogramme niemals kochen und Gäste bewirten werden. Doch Wirte, die noch immer nicht wissen, wie wichtig eine professionelle digitale Identität bei der Betreuung ihrer Stammgäste und beim Gewinnen neuer Gäste ist, haben sich bereits auf die Seite der Verlierer der digitalen Revolution gestellt.

Als ich vor kurzem auf Mallorca ein Treffen von VIP-Mitgliedern meiner Akademie veranstaltete, suchte ich mir den passenden Ort zum Essen und zum Feiern natürlich nicht in Reiseführern oder bei Agenturen. Ich traf meine Auswahl unter den Betrieben mit guten und aussagekräftigen digitalen Auftritten und stieß so auf das Hotel Villa Italia in Port d'Andratx, einem alten Haus, auf dessen Terrasse wir an einer großen Tafel saßen und mit Blick auf den Hafen den Sonnenuntergang genossen.

Es gibt Fachgebiete, die ich selbst lange für unantastbar durch die digitale Revolution gehalten habe. Dazu zählen die Steuerberater. Die Staaten sorgen durch immer aggressivere und kompliziertere Steuergesetze für den Aufschwung dieser Berufsgruppe, hatte ich gedacht, und wie soll ein Computerprogramm einen Steuerberater ersetzen? Schließlich kennen sich selbst die besten Experten kaum noch mit dem aus, was die Steuerwut der Staaten ständig an Neuem hervorbringt.

»Ihr seid beneidenswert«, sagte ich deshalb bei einem Abendessen mit meinem Steuerberater. »Die ganze Wirtschaft muss kämpfen und sich neu positionieren, nur ihr könnt bequem hinter dem Schreibtisch zusehen, wie euch die Staaten ständig mehr Geschäft auf dem Silbertablett servieren.«

Er schüttelte den Kopf. »Das wirkt vielleicht von außen so«, erwiderte er. »Bloß ganz so ist es leider nicht. Die Hälfte von uns ist bedroht, weil sie beim technologischen Fortschritt nicht mithält. Belegerfassung, Lohnverrechnung und einige andere Dinge werden künftig automatisch ablaufen. Das sind aber genau die Tätigkeiten, mit denen zurzeit die meisten Mitarbeiter beschäftigt sind. Wer jetzt nicht in die elektronische Datenverarbeitung investiert, wird bald die falsche Kostenbasis haben, um noch mithalten zu können.«

»Dann werden bei euch viele Jobs verlorengehen«, bemerkte ich.

»Bei uns und in den Finanzabteilungen der Unternehmen. Die benötigen dann auch weniger Leute.«

Die Jobs, die wegfallen werden, waren nie besonders gut bezahlt, dennoch sind es typische Mittelschichtsjobs.

Nur in ein paar Branchen ist der Druck, den die digitale Revolution ausüben wird, tatsächlich geringer. Beispielsweise in der bildenden Kunst. Zwar verbessern sich laufend die Programme, die Musik komponieren, Bücher schreiben und Texte vortragen können, doch gemäß den gängigsten Definitionen liegt es in der Natur der Kunst, dass sie von Menschen gemacht wird.

Vor allem bei Musikern verändert die digitale Revolution jedoch die Art, wie sie Geld verdienen. Sie lebten früher von Platten- und später von CD-Verkäufen, heute verdienen sie mit Auftritten und als Werbebotschafter ihr Geld, und zwar umso mehr, je stärker sie digital vertreten sind.

Vergleichsweise gering ist ebenfalls der Druck, den die digitale Revolution auf Bauern ausüben wird. Äpfel oder Kartoffeln werden sich nicht digital generieren oder durch Laserdrucker herstellen lassen. Dafür wird immer der Grund und Boden nötig sein, den die Bauern bewirtschaften. Dass Bauern mit einer starken Online-Präsenz, etwa beim Online-Verkauf ab Hof, erfolgreicher sein werden, ist klar, doch der Anpassungsdruck an technologische Innovationen wird für sie geringer sein als in anderen Sektoren.

Ähnliches gilt für Immobilienbesitzer. Trotz aller technischen Fortschritte wird sich Schlaf nicht mittels Computerprogrammen abwickeln lassen. Menschen werden weiterhin ein Bett sowie ein Badezimmer und eine Toilette brauchen und manchmal eine Küche, um zu kochen, oder zumindest einen Platz, um zu essen. Immobilienbesitzer werden ihre Häuser und Wohnungen lediglich anders als bisher zur Miete anbieten.

Doch weder Immobilienbesitz noch Kunst noch Landwirt-
schaft eignen sich gut als Rückzugsgebiete für jene, die jetzt
noch verdrängen und erst dann verstehen werden, dass sie
eine Lösung finden müssen, wenn es ihre derzeitige wirtschaftliche Basis nicht mehr gibt. Immobilienbesitz erfordert
Geld und Wissen, mit dem Verkauf von Bildern oder Gedich-
ten auf Wohlstand zu spekulieren, war noch nie besonders
sinnvoll, und wer kann schon einfach Bauer werden?

Das kollektive Verdrängen der digitalen Revolution ist
umso erstaunlicher, als das Phänomen wegbrechender Be-
rufsfelder eigentlich spätestens seit der Automatisierung der
Arbeitsabläufe in Fabriken hinlänglich bekannt sein müsste.
Ein Fließbandarbeiter verliert seinen Job, weil ihn eine Ma-
schine genauso gut oder besser erledigt und nicht wegen
jedem unvorhergesehenen Sonntagsdienst zur Gewerkschaft
rennt. Die Mittelschicht muss allerdings verstehen, dass sie
diesmal nicht gebührend besorgt, aber doch entspannt dabei
zusehen kann, wie bloß die bildungsferneren Schichten ihre
Jobs verlieren. Ihr sollte klarwerden, dass diesmal sie handeln
muss, da sie jetzt selbst dran ist.

Doch das Verdrängen und Aufschieben von Problemen hat
eine gewisse Tradition, die schon in der Schule beginnt, wo
es fast schon zum guten Stil gehört, sich alles bis zum letzten
Moment aufzuheben. Ein Stil, den ich auch in der Finanzbranche wiedererkenne, wo Kreditverträge oft bis zum letzten Tag liegen bleiben und dann mit teuren Botendiensten
hin- und hergeschickt werden müssen, damit keine Fristen
versäumt werden.

Wer erfolgreich sein will, muss Probleme und Herausforderungen offensiv angehen. Aus Feigheit, Trägheit, Gleichgültigkeit oder einfach Dummheit verhalten sich aber die meisten Menschen genau umgekehrt. Selbst dann noch, wenn ihre Existenz massiv und unmittelbar bedroht ist.

Ein Bankdirektor, der seine Karriere in der Restrukturierungsabteilung einer Bank begonnen und es somit mit Kunden zu tun hatte, die in finanzielle Schwierigkeiten geraten waren, erzählte mir, dass 50 bis 60 Prozent von ihnen ihre eigene Krise einfach verdrängten. Sie reagierten nicht auf Anrufe, E-Mails oder Briefe, obwohl ihnen die Bank darin Vorschläge unterbreitete, ihre Krise zu bewältigen. Wenn sie doch reagierten, wurden sie teilweise aggressiv und beschimpften ihn. So gut wie alle von ihnen verloren ihre Firmen, ihre Häuser und ihre Autos. Sie gingen bankrott oder ihr Schicksal verlief noch tragischer. Sie wurden krank, und einige nahmen sich sogar das Leben. So gut wie alle, die sich mit ihm zusammensetzten, über Lösungen sprachen und Maßnahmen setzten, kamen dagegen aus ihrer Krise wieder heraus.

Ich freue mich jedenfalls jeden Tag darüber, dass ich vor ein paar Jahren mit dem Verdrängen aufgehört habe und jetzt zu den Entspannten gehören kann. Ich trage selbst dazu bei, dass die Mittelschicht ihre Jobs verliert, aber ich habe deshalb kein schlechtes Gewissen. Denn der Ausweg aus dieser Situation besteht nicht darin, die digitale Revolution aufzuhalten, und sei es aus Menschenfreundlichkeit. Er liegt für jedes Unternehmen und jedes Individuum darin, sich selbst an die neuen Herausforderungen anzupassen. Menschenfreundlichkeit kann bestenfalls darin bestehen, andere aufzuwecken und ihnen dabei zu helfen, sich auf die neuen Anforderungen vorzubereiten.

Wenn ich von diesen Dingen bei meinen Vorträgen spreche, kann ich spüren, was zumindest ein Teil meiner Zuhörer denkt.

Vielleicht sollte ich doch bald etwas tun.

Aber selbst dieser Satz ist schon eine halbe Niederlage. Denn »bald« ist schon zu spät. Weil die Unterteilung der Gesellschaft durch die digitale Revolution in wenige Auf- und viele Absteiger bereits voranschreitet, ist noch ein bisschen zu warten ungefähr so sinnvoll, wie in einem brennenden Haus den Anruf bei der Feuerwehr hinauszuschieben.

DAS OLYMPIA-PRINZIP

Die digitale Revolution zerstört die Mittelschicht nach einem Prinzip der freien Marktwirtschaft. Es lautet:

Wer gut ist, gewinnt,
wer nicht gut ist, verliert.

Dieses Prinzip hatte schon in der Vergangenheit Geltung, doch erst die digitale Revolution setzt es in einem Ausmaß durch, wie es sich selbst Neoliberale nicht zu wünschen gewagt hatten. Zugleich schreibt sie es dabei um.

Jetzt lautet es:

Der Beste gewinnt und mit etwas Glück vielleicht noch der
Zweitbeste. Der Drittbeste bekommt eventuell noch einen
kleinen Teil des Kuchens und der ganze Rest verliert.

Oder, anders ausgedrückt:

The winner takes it all.

Es ist das gleiche Prinzip wie bei den Olympiaden. Es zählt die Goldmedaille. Silber und Bronze haben noch Bedeutung. Doch der ganze Rest geht leer aus.

Ein Beispiel für das Olympia-Prinzip in der digitalen Wirtschaft: Jemand sitzt während einer Dienstreise in einer fremden Stadt in seinem Hotel und bekommt Lust auf Sex. Ihm oder ihr stehen zwei digitale Single-Plattformen zur Verfügung. Die eine hat zehn Millionen Mitglieder, die andere sieben Millionen. Welche wählt er oder sie für die Suche nach einem Date?

Wenn ich diese Frage bei meinen Vorträgen stelle, gehen bei der Plattform mit zehn Millionen Mitgliedern zehn- bis zwanzigmal so viele Hände hoch.

Eine Plattform, die 40 Prozent mehr Mitglieder hat als ihr stärkster Konkurrent, hat zehn- bis zwanzigmal mehr Besucher. Obwohl der Unterschied bei der Zahl der Mitglieder auf den ersten Blick nicht dramatisch ist, liegt die meistbesuchte Plattform schon für ihren Hauptkonkurrenten uneinholbar vorne, umso mehr für alle anderen Anbieter der Branche.

Wer einmal der Größte ist, den macht die Dynamik der digitalen Wirtschaft von selbst immer größer und mächtiger. Beispielsweise bekommt eine Immobilienplattform, die weniger Nutzer hat, auch weniger neue Angebote. Ein Kreislauf, der die Kleinen klein hält und für Neulinge, die ganz unten anfangen müssen, eine schwer überwindbare Eintrittshürde darstellt.

Zehn- bis zwanzigmal so viele Mitglieder bedeuten zudem zehn- bis zwanzigmal so viel Umsatz mit Werbung oder mit zahlenden VIP-Mitgliedern, sie bedeuten aber nicht zehn- bis zwanzigmal so hohe Kosten. Während ein Hotel, das zehn- bis zwanzigmal so viele Gäste beherbergt wie ein anderes, zehn- bis zwanzigmal so viele Betten und entsprechend mehr Personal braucht, ist das bei digitalen Plattformen anders. Die Kosten steigen mit der wachsenden Mitglieder- oder Nutzerzahl kaum. Das bedeutet, dass der Wert einer Plattform mit ihrer steigenden Mitglieder- oder Nutzerzahl exponentiell wächst. Eine Plattform mit zehn- bis zwanzigmal mehr Mitgliedern ist dann fünfzig- bis hundertmal mehr wert.

Das Verhalten der bereits gewonnenen Nutzer trägt ebenfalls zur Absicherung der Position der Großen bei. Sie bleiben meist, wo sie sind. Denn irgendwann haben sie auf einer Plattform zu viel Zeit und zu viel Inhalte investiert und kennen sich zu gut damit aus, um noch zu wechseln.

Die meistbesuchte Plattform eines Wirtschaftszweiges wird, wenn ihre Betreiber keine Fehler machen, sie sich laufend technologisch weiterentwickelt und keine Plattform aus dem geschlagenen Feld hohe Summen in Werbung investieren kann, ihren Vorsprung und ihre Marktmacht deshalb ständig weiter ausbauen. Neue Plattformen haben kaum noch eine Chance.

Ich erlebe das Olympia-Prinzip jeden Tag beim Immobilienhandel. Ich sehe mir regelmäßig die Angebote auf

ImmobilienScout24, der mit etwa 550.000 durchschnittlich angebotenen Objekten größten Plattform, an. Nur wenn ich noch Zeit habe, checke ich ebenfalls die Angebote auf Immowelt. Diese Plattform hat geschätzte 200.000 Angebote. Von den Plattformen mit 50.000 oder nur 10.000 Objekten habe ich die Namen bereits gehört, aber sie fielen mir nicht ein. Die Relationen sind in allen Branchen immer ähnlich. Die Nummer eins unter den Plattformen bekommt einen unverhältnismäßig großen Teil des Kuchens. Die Nummer zwei bekommt rund die Hälfte der Nummer eins, die Nummer drei bekommt nur noch einen Bruchteil der Nummer eins und bereits die Nummer vier bekommt fast gar nichts mehr.

Der Autohandel zeigt schon besonders lange, wie sich das Olympia-Prinzip durchsetzt. Wenn ich ein Auto suche, rufe ich zuerst AutoScout24, die größte europäische Plattform, auf, einfach weil das am effizientesten ist. Zur Sicherheit checke ich wie bei den Immobilien vielleicht noch einen zweiten oder einen dritten Anbieter, aber dann ist Schluss.

AutoScout24 startete 1998 mit 350 Gebrauchtwagen, ist inzwischen mit 400 Mitarbeitern in 17 Ländern aktiv und machte sich in den vergangenen Jahren durch Verdrängung und Übernahmen zur Nummer eins der Branche.

Auch anhand der globalen digitalen Giganten lässt sich das Olympia-Prinzip nachvollziehen. Google etwa hatte im Februar 2016 bei Suchanfragen 88,64 Prozent Marktanteil. Bing, die Nummer zwei, war mit 4,73 Prozent im Vergleich dazu schon nur noch ein Zwerg. Platz drei nahm mit 3,33 Prozent Yahoo ein, und damit ein Unternehmen, das ständig vom Untergang bedroht ist.

Apple hat im Bereich der Apps und der mobilen Betriebssysteme gemeinsam mit Google ein Duopol. Amazon hat de facto ein Monopol im Online-Buchhandel, denn 74 Prozent des dort erwirtschafteten Umsatzes fließen über den US-Konzern mit 107 Milliarden Dollar Gesamtumsatz. Ich betreue, wie bereits erwähnt, einen Buchverlag in Finanzangelegenheiten, aber mir fiele jetzt nicht ein, wer beim Online-Buchhandel die Nummer zwei ist. Bei Dating-Plattformen kristallisiert sich Tinder zunehmend als Marktführer heraus. Netflix ist Teil eines Oligopols für digitales Fernsehen, Spotify und Apple sind Oligopolisten der Musik-Streaming-Dienste und XING und LinkedIn bei Karrierenetzwerken. Wer gemäß dem Olympia-Prinzip gewinnt, darüber entscheiden drei Faktoren.

Faktor eins. *Schnelligkeit.* Alle Monopolisten und Oligopolisten waren so genannte »First Mover«. Das heißt, sie waren vielleicht oft nicht die ersten wettbewerbstauglichen Firmen, die das betreffende Geschäftsmodell auf den Markt gebracht haben, aber sie waren von Anfang an mit dabei.

Faktor zwei. *Technologie.* Viele Monopolisten und Oligopolisten hatten eine zehnmal bessere Technologie als ihre Konkurrenten. Apple zum Beispiel hat die Technologie der Smartphones immer weiterentwickelt, während die anderen

Anbieter nur folgen konnten. Außerdem hat Apple als eines der ersten Unternehmen Musik zum Herunterladen und Apps angeboten.

Faktor drei. *Marke.* Alle Monopolisten und Oligopolisten waren von Anfang an auf Markenbildung bedacht. Zalando, der größte Online-Händler für Schuhe und Kleidung in Europa, gab schon wenige Jahre nach seiner Gründung mehr als zehn Millionen Euro im Monat für Werbung aus.

Die Giganten haben schier unbegrenzt Geld, Brainpower und politischen Einfluss. Wenn sie sich nicht durch schwere Managementfehler selbst zu Fall bringen, wie das Management des finnischen Telefon-Riesen Nokia, das die wachsende Bedeutung der Smartphones nicht voraussah, wie durch die mangelnden Innovationen bei Blackberry oder die wie Yahoo an ihrer eigenen Bürokratie ersticken, werden sie immer größer.

Theoretisch könnten Milchgesichter mit Garagenfirmen Google, Apple oder Facebook auch in Zukunft noch ablösen oder zumindest unter Druck setzen. Aber eben nur noch theoretisch. Denn mit ihrer Marktmacht kaufen diese großen Konzerne einfach jede Idee, die für sie zur Konkurrenz werden könnte. Sie können auch die besten Techniker einstellen, die unter ihrem Namen diese Ideen dann weiterentwickeln, und ihre Scouts sind in beiden Bereichen ziemlich effizient.

Als Twitter die App *Fastlane*, die den Start von Android- und iOS-Anwendungen technisch vereinfacht, des erst

22-jährigen Österreichers Felix Krause kaufte und ihn gleich mit dazu, sah das aus wie enormes Glück für Krause. Der große Konzern aus San Francisco hatte den jungen Mann in seiner niederösterreichischen Heimat aufgestöbert und ihm zu einer tollen Karriere verholfen. Die Medien erzählten das Märchen vom amerikanischen Traum. Dabei war es weder Glück noch kam der Deal für Krause überraschend.

Bereits mit 16 war Krause mit einer App für Fahrradtouren aufgefallen, und bevor er zu Twitter gegangen war, hatte er schon ein Angebot von Apple bekommen. »Das geht ganz schnell und unspektakulär«, erzählte er einem Freund von mir. »Man unterhält sich via Skype und die fragen: ›Was hältst du davon, zu uns zu kommen?‹.«

Die Angebote der digitalen Giganten sind in der Start-up-Szene ehrenvoll, doch die Entscheidung, sich zu verkaufen, fällen junge Talente wie Krause nur zum Teil aus Statusgründen oder aufgrund finanzieller Erwägungen. Auch die in einem großen Konzern besseren Möglichkeiten, ein Projekt weiterzuentwickeln, spielen eine Rolle. »Ich sitze in einem Büro mit Gleichgesinnten, ohne fixe Arbeitszeiten, mit sehr gutem, kostenlosem Essen und kann mit einem größeren Team das tun, was ich schon seit jeher getan habe: an meinen Ideen arbeiten«, erklärte Krause.

Die Chancen, dass einem Außenstehenden ein technischer Quantensprung gelingt, sinken damit, und wenn es doch vorkommt, können ihn die Giganten immer noch zu sich holen. So kaufte Google die Videoplattform YouTube 2006 für 1,6 Milliarden Dollar und Facebook 2014 den Nachrichtendienst WhatsApp für rund 19 Milliarden Dollar sowie die Kommunikationsplattform Instagram, die damals weniger als 20 Mitarbeiter hatte, für eine Milliarde Dollar. Wenn die digitalen Riesen einen neuen Markt für sich erschließen wollen, kaufen sie manchmal gleich eine halbe Branche auf. Das hat etwa Google im Bestreben, auf dem Gebiet der künstlichen Intelligenz zu dominieren, getan. Google erwarb 2013 nahezu im Wochenrhythmus Robotik- und Künstliche-Intelligenz-Firmen, und der Preis dafür dürfte den Google-Chefs ziemlich egal gewesen sein. Denn die haben nicht nur viel Geld. Sie können in vielen Fällen auch ihre teuer bewerteten und hoch liquiden Aktien als Zahlungsmittel einsetzen.

Diese Akquisitionsmacht der digitalen Giganten führt dazu, dass sie sich vom Gewinner in einem einzigen Geschäftszweig hin zu Monopolisten und Oligopolisten in mehreren Branchen entwickeln. Das macht sie noch unangreifbarer. So fing Google als Suchmaschine an und drang mit dem Kauf von YouTube in den Fernsehmarkt ein. Facebook macht gemeinsam mit seinen Töchtern WhatsApp und Instagram zunehmend klassischen Mobiltelefondiensten Konkurrenz. Amazon startete als Buchhändler, bedroht inzwischen aber den gesamten Einzelhandel sowie die Zustelldienste und ist Oligopolist im Bereich des Cloud-Computings.

Während früher Unternehmen der klassischen Wirtschaft digitale Geschäftsfelder entwickelten, läuft es inzwischen teilweise schon umgekehrt. Der digitale Handelsriese Amazon gefährdet den klassischen Handel nicht nur, indem er

Kunden und Bestellungen ins Internet holt, er hat in Seattle als Testmarkt bereits begonnen, seinen technischen Vorsprung zu nutzen, um bessere stationäre Läden zu eröffnen. Kunden brauchen sich nur noch vor dem Einkauf auf der Webseite des Unternehmens einzuloggen, die Ware in ihren Einkaufswagen zu legen und wenn sie den Laden wieder verlassen, bucht Amazon den Kaufpreis automatisch von ihrem Konto ab.

Es ist zweifellos auch nur noch eine Frage der Zeit, bis Airbnb eigene Hotels eröffnet. Die Gewinner des Olympia-Prinzips werden so endgültig zu Kraken, wie es sie in der Wirtschaftsgeschichte bisher selten gegeben hat.

Für die Mittelschicht ist das Olympia-Prinzip deshalb so fatal, weil die digitale Revolution es eben nicht nur in der schillernden Welt der digitalen Giganten durchsetzt. Monopole und Oligopole können je nach Branche auf Städte und Stadtteile begrenzt sein. Womit ich wieder bei den Tierärzten bin.

Gab es früher in einer Kleinstadt fünf Tierärzte, verdienten sie alle etwa gleich viel. Einer von ihnen war vielleicht etwas fleißiger, stand öfter in der Praxis und bemühte sich mehr um seine Kunden. Dann verdiente er beispielsweise 100.000 Euro im Jahr, während ein Konkurrent, der etwas faul und unmotiviert war, nur 50.000 Euro einnahm. Der Unterschied zwischen der Nummer eins und der Nummer drei unter den drei Tierärzten war überschaubar.

Heute kann sich ein Tierarzt mit einem professionellen digitalen Auftritt einen Namen machen, zumal dann, wenn er sich auf eine Nische wie Hundefitness spezialisiert und darin gut ist und authentisch bleibt. ⌋

Hat sich der digital präsente Tierarzt mit seinem Nischenangebot etabliert, bekommt er nicht nur mehr Kunden, er verlangt auch höhere Honorare von ihnen, denn die Nachfrage bestimmt den Preis. Er verdient mehr, während alle anderen Tierärzte weniger Umsatz machen. Irgendwann bleibt den Verlierern unter den örtlichen Tierärzten nichts anderes übrig, als ihre Praxis zu schließen. Der erfolgreiche Tierarzt hat zu diesem Zeitpunkt bereits ein regionales Monopol, oder er ist, sofern es noch andere professionell im Internet vertretene Tierärzte in seinem Einzugsgebiet gibt, Teil eines Oligopols.

Wozu das führt, wird am Beispiel einer Stadt wie Würzburg ersichtlich. Dort gibt es derzeit 28 Tierärzte, von denen schon jetzt nur die Hälfte mit Google zu finden ist. Die digitale Revolution wird bewirken, dass drei oder vier von ihnen stark wachsen und ein oder zwei mithalten können. Der Rest wird immer weniger verdienen. Jene, die wachsen, werden nicht mehr zur Mittelschicht gehören. Sie steigen auf und bilden ein Würzburger Tierärzte-Oligopol. Die anderen werden schon nicht mehr zur Mittelschicht gehören. Sie steigen ab.

Vielleicht liest das ein Verdränger unter den Würzburger Tierärzten und denkt:

> *Was für ein Blödsinn! Dieser Hörhan kennt Würzburg nicht. Vielleicht läuft es in anderen Städten so, aber sicher nicht bei uns.*

Schreiben wird mir das dieser Tierarzt vermutlich nicht, weil er mich aufgrund seiner mangelnden Fähigkeit, mit neuen Medien umzugehen, auf Facebook, Google und YouTube nicht finden wird. Doch wenn er mir schreiben würde, würde ich ihm Folgendes antworten:

> *Schöne Grüße nach Unterfranken. Es steht vielleicht noch nicht in der Main-Post, aber genau so wird es kommen. Wenn Sie das nicht einsehen, werden Sie sich vielleicht bald als Vertreter für Futtermittel bewerben, feststellen, dass Sie selbst dafür eine digitale Identität benötigen, und schließlich froh sein, wenn Sie noch irgendwo einen Job als Zoowärter bekommen.*

Es gibt kaum einen Wirtschaftszweig, der vor dem Prinzip *The winner takes it all* geschützt ist. Selbst bei Nachhilfelehrern wird es bald gelten.

In Südkorea, einem Land mit hohem Bildungsbedürfnis, gibt es bereits Nachhilfelehrer, die dank ihrer intelligenten digitalen Präsenz auf Facebook oder YouTube Stars geworden sind, mit einem Jahreseinkommen im hohen sechs- oder sogar siebenstelligen Dollar-Bereich. Zu ihnen gehört Cha Kil-yong, der Inhaber eines Hagwon ist, also einer digitalen Nachhilfeplattform. Er war nie Lehrer an einer staatlichen Schule, unterrichtet über seinen Hagwon aber dennoch rund 300.000 Schüler und kann aufgrund seiner vielen Fans bis zu 15.000 Dollar für einen Intensivkurs verlangen.

Der Markt für Nachhilfestunden wächst durch Lichtgestalten wie ihn ein wenig, aber vor allem schichtet er sich um. Kil-yong und ein paar andere Nachhilfelehrer, die sich intelligent digital präsentieren, machen ein größeres Geschäft. Die anderen, die fachlich vielleicht genauso gut sind, verdienen weniger. Kil-yong und seinesgleichen können wegen der wachsenden Nachfrage nach ihrer Dienstleistung höhere Stundensätze verlangen, alle anderen müssen sich mit niedrigeren zufriedengeben, um überhaupt noch etwas zu verdienen.

Während Kil-yong und ähnlich erfolgreiche Lehrer die an sie gestellten Anfragen kaum noch abarbeiten können, müssen alle anderen Nachhilfelehrer hoffen, dass sie weiterhin eine Mutter an die nächste empfiehlt. Darauf werden sie allerdings immer öfter vergeblich hoffen, weil sich der Motor für die Nachfrage nach Nachhilfestunden auf eine andere Ebene verlagert hat. Selbst wenn eine Mutter den altmodischen Nachhilfelehrer wegen seiner Geduld, seines Einfühlungsvermögens und seiner fachlichen Kompetenz einer anderen Mutter nahelegt, schauen diese Mutter und ihr Kind im Internet nach, ob der Lehrer genauso cool ist wie der, den sie auf YouTube gesehen haben. Wenn er dort gar nicht oder nur mit einem langweiligen Auftritt zu finden ist, ist er es jedenfalls nicht. Dann ist er uncool. Dann buchen sie ihn nicht.

Auch in Deutschland gibt es solche Beispiele. Daniel Jung etwa hat als Nachhilfelehrer für Mathematik, einem Fach, das die meisten Menschen hassen, 230.000 YouTube-Follower. Die anderen Nachhilfelehrer verlieren nicht nur deshalb Kunden, weil Jung so viele an sich zieht, sondern ebenfalls, weil Nachhilfevideos insgesamt die Nachfrage nach Nachhilfelehrern reduzieren. Den altmodischen Nachhilfelehrern bleibt irgendwann als letzte Option zur Ausübung ihres Jobs nur noch, als Angestellte für die Erfolgreichen zu arbeiten.

Das Olympia-Prinzip wird in Zukunft sogar für jeden einzelnen Taxifahrer gelten, solange es noch Taxifahrer gibt. In der alten Welt haben traditionelle Taxiunternehmer recht gute Geschäfte gemacht. In Paris mussten sie 200.000 Dollar und in New York sogar bis zu einer Million Dollar für eine Lizenz zahlen, und dieses Investment hat sich bisher stets gelohnt. Doch jetzt gibt es mit Uber einen Spielverderber. Über diese App können statt eines Taxis Fahrer mit privatem Pkw oder mit einem Mietwagen gefunden werden. Uber agiert global und hat das wirtschaftliche Potential, den gesamten Taximarkt zu beherrschen.

Was diesen Teil der Geschichte betrifft, vollzieht sich das Olympia-Prinzip gerade. Uber bekommt wachsende Teile des Marktes, den klassischen Taxifahrern bleibt immer weniger. Die Preise für New Yorker Taxilizenzen sind dank Uber bereits um 25 bis 40 Prozent gefallen.

Doch die Geschichte geht noch weiter. Denn das Olympia-Prinzip gilt sogar innerhalb des Uber-Systems und ist damit von Bedeutung nicht nur für den Wettbewerb zwischen den Anbietern, sondern auch für den zwischen den einzelnen Uber-Fahrern.

War früher ein Fahrgast mit einem Taxifahrer unzufrieden, konnte er nur das Trinkgeld streichen oder eine meist nutzlose Beschwerde an den Taxiverband richten. Ist ein Fahrgast dagegen mit einem Uber-Fahrer unzufrieden, kann er ihn auf der Uber-Seite schlecht bewerten.

Wenn sich ein Fahrgast aufgrund dieser Bewertungen entscheiden kann, lässt er dann einen schmutzigen Seat oder einen sauberen Mercedes kommen? Einen mürrischen Fahrer oder einen mit den Manieren eines Vorstands-Chauffeurs? Die Fahrer mit den guten Bewertungen machen das beste Geschäft, die mit den schlechtesten Bewertungen fliegen raus, und die dazwischen müssen sehen, wo sie bleiben.

Das Olympia-Prinzip in Reinform.

Wer es in seiner Branche schafft, zumindest einem regionalen Oligopol anzugehören, und wer überflüssig werden wird, das wird sich in den kommenden fünf bis zehn Jahren zeigen. Doch es zeichnet sich selbst in Geschäftsfeldern, die noch eher am Beginn ihrer Digitalisierung stehen, bereits ab. Denn während viele Anwälte, Ärzte, Notare, Steuerberater, Hoteliers, Installateure oder Einzelhändler noch auf ihrem hohen Ross sitzen und keinen Grund für Veränderungen sehen, haben einzelne ihrer Kollegen bereits erkannt, was abläuft.

Die haben schöne Webseiten, Blogs und Videokanäle, Social-Media-Profile, auf denen sie sich als Experten präsentieren und auf denen sie interessante und wertvolle Informationen und Services anbieten. Diese wenigen Menschen, die schon jetzt den Trend wahrnehmen, werden nur noch schwer zu überholen sein. Sie sind es, die sich viele der regionalen Monopole sichern oder den regionalen Oligopolen angehören werden.

DIE SCHWINDENDEN STEUEREINNAHMEN

Der Jobverlust und die Bildung von globalen und regionalen Monopolen und Oligopolen in den meisten Branchen sind nicht die einzigen Probleme, die auf die Mittelschicht zukommen werden. Denn sie vor allen wird darunter leiden, dass die digitale Revolution die Steuereinnahmen der Staaten radikal dezimieren wird.

Die Ursachen dafür sind klar: Ein Unternehmen zahlt grundsätzlich in jenem Land Steuern, in dem es tätig ist. Ein deutsches Gasthaus, das in Deutschland Gäste bewirtet, zahlt Lohnsteuer, Sozialversicherungsabgaben und Solidaritätszuschläge für Köche und Kellner sowie die Körperschaftssteuer, die Gewerbesteuer und alle anderen Steuern und Abgaben an den deutschen Staat.

International tätige Unternehmen dagegen versuchen, in so genannten Hochsteuerländern so wenige Steuern wie möglich zu zahlen. Sie unterwandern die dortigen

Steuersysteme, indem ihre darauf spezialisierten Anwälte die Schlupflöcher darin suchen. Durch diese Schlupflöcher transferieren sie einen Teil ihrer Steuerpflicht in Länder mit niedrigeren Steuersätzen.

Der deutsche Staat hat trotzdem noch immer etwas davon, wenn McDonald's in einer Filiale in Oldenburg oder Pforzheim Gäste bewirtet. Doch wenn die digitalen Giganten dort oder irgendwo anders in Deutschland ihre Geschäftstätigkeit entfalten, hat das nicht den gleichen Effekt. Denn sie sind besonders schwer zu besteuern. Sie agieren nicht nur multinational, sie sind auch physisch nicht richtig für die Finanzbehörden greifbar.

Zu McDonald's können die Finanzämter noch sagen: Hier steht deine Filiale, hier sind deine Mitarbeiter. Hier kassieren wir deswegen Steuern.

Wenn aber ein globaler Zahlungsdienstanbieter seine Server in San Francisco oder in Hongkong aufstellt und seine Mitarbeiter ebenfalls dort sitzen, wie sollen dann unter anderem deutsche Finanzämter zugreifen, wenn deutsche Kunden seine Services nutzen?

Wenn die digitalen Unternehmen Steuern bezahlen, dann am ehesten dort, wo sie ihre Firmenzentralen haben, aber nicht im Rest der Welt, wo sie ihre digitalen Produkte ebenso verkaufen.

Durch wohlüberlegte Konstruktionen reizen Apple, Google, Amazon und alle anderen dabei ihre Möglichkeiten gründlich aus. Apple etwa macht in den USA Schulden und besichert sie mit eigenen Geldbeständen auf Offshore-

Finanzplätzen. Auf diese Art ist Apple in den USA liquide, hat dort aber geringere Gewinne und muss deshalb weniger Steuern dafür bezahlen. Steuerhinterziehung ist das nicht. Es ist bloß eine intelligente Kombination von geltenden Regelungen. Weshalb die Sprecher der digitalen Giganten auf diesbezügliche Kritik stets das Gleiche sagen.

Wir bewegen uns innerhalb der gesetzlichen Rahmenbedingungen.

Das stimmt zwar nur teilweise, weil sie sich sehr wohl auch in Grauzonen bewegen, doch angesichts der Hypertrophie der europäischen Steuergesetzgebungen tut das, unfreiwillig, fast jedes Nagelstudio.

Die Bereitschaft, Steuerschlupflöcher zu nutzen, ist bei digitalen Giganten aber noch höher als bei Konzernen der klassischen Wirtschaft. Denn sie bezahlen Steuern besonders ungern. Schließlich nähren sie damit ihrer Meinung nach ein System, dessen Ziel es ist, das Bestehende zu bewahren und ihr Wirken durch regulatorische Maßnahmen zu beschränken. Während es unter klassischen Unternehmern immer auch solche gab, die stolz darauf waren, Steuern zu bezahlen und damit dem Gemeinwohl zu dienen, haben die digitalen Unternehmer das Gefühl, mit Steuerleistungen ihren wichtigsten gemeinsamen Gegner zu unterstützen.

Die ganze Wahrheit in Sachen Steuern sieht bei digitalen Unternehmen, hier am Beispiel Amazon, also so aus: Menschen, die ein Buch lesen wollten, besuchten früher Buchhandlungen, nahmen das gewünschte Buch aus dem Regal oder vom Tisch, gingen damit zur Kasse und bezahlten es. Dieser Vorgang bescherte dem Staat, in dem er stattfand, Steuereinnahmen. Der betreffende Staat konnte sich die Umsatzsteuer, die Steuern auf die Gewinne der Buchhandlungen, die Lohnsteuer für die Mitarbeiter der Buchhandlungen, die auf die Miete des Geschäftslokals anfallenden Steuern, die Gebühren beim Abschluss des Mietvertrages für das Geschäftslokal und so weiter holen.

Amazon sorgt nun dafür, dass weniger Menschen in Buchhandlungen gehen und dass Buchhandlungen, die auf die Änderungen des Kaufverhaltens falsch reagieren, schließen müssen. Damit verliert der Staat auf vielen Ebenen Steuereinnahmen. Gleichzeitig entzieht sich die digitale Buchhandlung Amazon weitgehend dem Steuersystem und zahlt, wenn ein deutscher Kunde bei ihr den neuen Krimi seines Lieblingsautors kauft, für diesen Vorgang vor allem in Ländern wie Irland, Malta, Luxemburg oder in Offshore-Finanzplätzen Steuern.

Der Verlust der Staaten bei den Steuereinnahmen lässt sich gut auch am Beispiel der Taxiunternehmer zeigen.

Ich betrachte eine Fahrt von Wien-Liesing nach Süßenbrunn, die ungefähr 40 Euro kostet, und rechne die Ausgaben des Taxiunternehmers für den Sprit und das Auto der Einfachheit halber nicht mit. Von den 40 Euro bleiben dem Taxiunternehmer in dieser Rechnung nach Abzug der Umsatzsteuer 36,36 Euro an steuerpflichtigem Einkommen. Der Staat bekommt bei einem fünfzigprozentigen Einkommenssteuersatz neben den 3,64 Euro Umsatzsteuer noch 18,18 Euro Einkommenssteuer und somit in Summe 21,82 Euro.

Bucht der Kunde für die gleiche Fahrt statt eines klassischen Taxis ein Uber-Taxi, gehen 25 Prozent des Fahrpreises, also zehn Euro, an Uber. Der Taxiunternehmer zahlt nun nur noch 13,18 Euro Einkommenssteuer. Zusammen mit der gleich bleibenden Umsatzsteuer ergibt das 16,82 Euro für den Staat. Uber versteuert zwar die zehn Euro ebenfalls, dies aber bestimmt nicht in Österreich, sondern in Niedrigsteuerländern oder in den USA.

Eine Fahrt, für die ein Taxiunternehmer 40 Euro verlangt, bringt dem Staat um 23 Prozent weniger Steuereinnahmen, wenn sie statt von einem klassischen Taxiunternehmen von Uber durchgeführt wird.

Da ist noch nicht der Steuerverlust des Staates durch die insgesamt günstigeren Tarife von Uber mitgerechnet. Besonders auf Strecken wie der zum Flughafen Wien-Schwechat arbeitet Uber mit Kampfpreisen, die 25 Prozent unter jenen der klassischen Konkurrenz liegen. Bei so einer Fahrt macht der Steuerausfall des Staates dann bereits 42 Prozent aus, und das ist noch immer nicht alles. Denn auch die Fahrer verdienen auf diese Art weniger, konsumieren weniger, pumpen damit weniger Geld in die Wirtschaft und senken das Steueraufkommen zusätzlich. Es geht hier also nicht um Kleinigkeiten, sondern um eine weitreichende Erosion des Steuersystems. Denn egal, ob es um Uber, Amazon oder booking.com geht –

das Geld, das die digitalen Anbieter einnehmen, bleibt nicht im Land.

Bisher waren die Staaten mit dem Phänomen der mangelnden Greifbarkeit eines potentiell Steuerpflichtigen nur bei multinationalen Unternehmen konfrontiert. Doch mit der digitalen Revolution ändert sich das. Denn ein Mitarbeiter einer deutschen Anwaltskanzlei sitzt in einem realen Büro an einem realen Schreibtisch, weshalb der deutsche Staat den oder die Eigentümer der Kanzlei leicht für diesen Mitarbeiter besteuern kann. Doch wie soll der deutsche Staat den oder die Eigentümer der Kanzlei für einen digitalen Mitarbeiter wie Ross, den Robo-Anwalt, besteuern? Besonders dann, wenn der Computer, über den er betrieben wird, auf den Bahamas steht?

Wenn Unternehmen Gewinne mit digitalen Daten machen und nicht mehr mit physischen Objekten oder Personen, tun sich die Staaten schwer, noch eine Besteuerungsgrundlage zu finden.

Den Steuerwettbewerb zwischen den Staaten, der sich daraus ergibt, hatte bereits die klassische Wirtschaft in Gang gesetzt. Doch mit der digitalen Revolution wird er sich verschärfen. Staaten, die sich mit niedrigen Steuern und liberalen Regulierungen an die digitale Revolution anpassen, werden digitale Firmen anziehen. Diese werden immer mobiler, nicht nur, weil ihre Herzstücke Computer statt Fabriken sind, sondern auch, weil sich die Heimatvorstellungen ihrer Mitarbeiter ändern. Für die Träger der digitalen Revolution spielt es keine große Rolle mehr, wo sie leben. Sie sind unabhängig von ihrem aktuellen Arbeitsort mit ihren Angehörigen vernetzt, und zu Hause fühlen sie sich dort, wo sie Gleichgesinnte finden, die in derselben digitalen Welt leben. Ganz abgesehen davon, dass ihre Form der Arbeit insgesamt ortsunabhängiger ist.

Staaten, die sich aus falschen volkswirtschaftlichen Erwägungen oder aufgrund politischer Hindernisse nicht an die digitale Wirtschaft anpassen wollen oder können, verlieren mit der digitalen Revolution deshalb große Teile ihrer Steuerbasis. Apple, Facebook und Google haben ihre europäischen Sitze nicht in Paris, Berlin oder Brüssel, sondern in Dublin, weil Irland sie – sehr zum Unwillen der EU – mit Steuervorteilen lockt. Auch in einigen Kantonen der Schweiz müssen Firmen entweder nur pauschale oder sehr niedrige Steuern bezahlen.

Wenn die Staaten weniger Geld haben, ist das der Oberschicht ziemlich egal. Sie kann ihr Leben unabhängig von den Staatseinnahmen und -ausgaben aus eigenen Mitteln nach ihren Wünschen gestalten. Es kümmert sie wenig, ob die staatlichen Schulen gut oder schlecht sind, denn ihre Kinder besuchen Privatschulen. Überfüllte öffentliche Krankenhäuser betreffen sie ebenfalls kaum, denn für Geld ist eine gute Gesundheitsversorgung stets zu haben.

Für die unteren sozialen Schichten ändert sich durch niedrigere Steuereinnahmen der Staaten ebenfalls eher wenig. Sie haben schon immer wenig Vorteile von der gut ausgebauten

Infrastruktur eines wohlhabenden Staates gehabt. Die Qualität der staatlichen Schulen und Universitäten zum Beispiel spielt für sie angesichts ihres niedrigeren Bildungsstandards keine bedeutende Rolle.

Am stärksten betroffen durch wegbrechende Steuereinnahmen ist die Mittelschicht. Denn sie vor allem profitiert von kostenlosen staatlichen Leistungen wie Bildungseinrichtungen und der Gesundheitsversorgung oder einem geförderten Kulturbetrieb. Schrumpfen die Ausgaben dafür, wird es für die Mittelschicht rasch eng. 5.000 Euro pro Semester für eine Privatschule auszugeben, das ist bei einem Kind vielleicht noch möglich, aber bei zwei Kindern? Oder 20.000 Euro für eine Operation in einer Privatklinik, weil das öffentliche Krankenhaus überfüllt ist? Für das Haushaltsbudget einer Mittelschichtsfamilie ist beides eine Herausforderung.

Die als Folge der digitalen Revolution wegfallenden Steuereinnahmen werden es den Staaten zudem zunächst erschweren und schließlich ganz unmöglich machen, die Renten der Mittelschicht zu bezahlen. Dass die Mittelschicht kaum noch in der Lage ist, selbst für ihren Ruhestand vorzusorgen, verschärft diese Situation.

Früher besaß ein fleißiger Angestellter am Ende seiner Karriere eine Eigentumswohnung und er hatte die nötigen finanziellen Voraussetzungen, um sich Staatsanleihen und womöglich sogar Aktien und eine zweite Eigentumswohnung zu kaufen. Auf diese Weise konnte die Mittelschicht durch Zinsen, Dividenden oder Mieten ein nennenswertes passives Einkommen als Ergänzung zur staatlichen Rente erzielen.

Jetzt sind Aktien, Anleihen und Immobilien überteuert und bringen wegen der Nullzinspolitik der Europäischen Zentralbank nur noch minimalen Ertrag.

Die einbrechenden Einnahmen der Staaten kommen zum ungünstigsten Zeitpunkt, weil mit den wegbrechenden Jobs ständig mehr Bürger Sozialleistungen benötigen werden. Die Aussichten sind düster. Denn selbst das Chaos lässt sich an einem Rechenbeispiel veranschaulichen. Sobald in einem Staat 30 oder 40 Prozent der Bevölkerung arbeitslos sind und das Budgetdefizit 150 Prozent des Bruttonationalproduktes erreicht, ist dieser Staat so gut wie gescheitert. Revolutionen und Bürgerkriege sind dann keine dystopischen Vorstellungen von Endzeitvisionären mehr, sondern Realität mitten in Europa.

Merkwürdigerweise glaubt seit jeher jede Generation, dass solche Szenarien der Vergangenheit angehören, weil sie selbst alles richtig macht. Doch die Geschichte hat gezeigt, dass das nie gestimmt hat, und es stimmt auch heute nicht. Viele Regionen Europas bewegen sich auf genau solche Entwicklungen zu, und wer jetzt denkt, dass seine bestimmt nicht dazu gehören wird, begeht einen fatalen Fehler.

DIE NEUE WELTKARTE

Das führt mich noch einmal zurück zum Olympia-Prinzip. Durch die Mobilität der digitalen Unternehmen wird die digitale Revolution nach dem Olympia-Prinzip nicht nur Branchen, sondern ebenfalls die geographische Verteilung des Wohlstandes neu gestalten. Es wird wenige Regionen geben, die gewinnen, und viele, die verlieren. Der alte Verteilungsschlüssel, Reichtum im Norden und Armut im Süden, mag sich noch eine Weile halten, doch allmählich wird sich die Wirtschaftskarte der Welt verändern.

> *Überall dort, wo sich digitale Unternehmen häufen, werden Inseln des Wohlstandes entstehen. Sie werden die globale Wirtschaftsleistung anziehen. Im digitalen Niemandsland dazwischen wird Armut herrschen.*

Es wird dabei zwei entscheidende Kreisläufe geben, einen positiven und einen negativen.

Kreislauf eins. *Der positive Kreislauf.* Länder, die sich darauf konzentrieren, digitale Unternehmen mit guten Rahmenbedingungen anzulocken, werden Arbeitsplätze schaffen und mehr Steuern einnehmen als bisher. Damit können sie die Steuersätze senken, die Lebensqualität heben und so noch mehr digitale Unternehmen anziehen und weitere Arbeitsplätze schaffen.

Das sichtbarste Beispiel für eine Gewinnerregion ist das Silicon Valley. Dort haben bereits viele digitale Unternehmen ihren Sitz und immer mehr entstehen dort oder ziehen hin.

Das Interesse von Unternehmen, sich im Silicon Valley anzusiedeln, lässt sich etwa an den dortigen Immobilienpreisen ablesen. Unter den zehn teuersten Wohngegenden der USA befinden sich mit Palo Alto, Cupertino, Los Gatos, Woodside und Sunnyvale fünf Orte des Silicon Valley. Für eine 60 Quadratmeter große Wohnung fallen in Menlo Park 2.500 bis 5.000 Dollar Monatsmiete an. In Palo Alto, wo Facebook-Gründer Mark Zuckerberg und Yahoo-Chefin Marissa Mayer leben, und wo Apple-Chef Steve Jobs in einem Anwesen inmitten eines Apfelgartens seinen Wohnsitz hatte, kostet ein Haus mit 160 Quadratmetern Wohnfläche rund 2,5 Millionen Dollar.

Wie verrückt die Immobilienpreise aufgrund der starken Nachfrage im Silicon Valley spielen, zeigt eine Maßnahme des Stadtrates von Palo Alto. Er lässt Sozialwohnungen bauen, und zwar für Menschen mit einem Familieneinkommen zwischen 150.000 und 250.000 Euro, die sich die ortsüblichen Immobilienpreise nicht mehr leisten können. An der schönen Landschaft im Silicon Valley liegt diese Preisexplosion nicht. Mir würden in den USA bessere Adressen als Menlo Park und die anderen Städte des Silicon Valley einfallen, wenn es um die Wahl meines Wohnsitzes ginge. Das Silicon Valley ist eine ebene Fläche ohne jegliche Highlights. Es ist voll schlichter Bürogebäude, Fast-Food-Restaurants, Einkaufszentren und breiter Highways. Die Straßen sind schlecht und ständig verstopft und mitten hindurch fährt eine veraltete Eisenbahn, die auch nachts an jedem Bahnübergang Pfeiftöne von sich gibt.

Dazu kommt, dass gut essen, für mich eine wichtige Sache, im Silicon Valley schwierig ist. Einigermaßen erträglich fand ich bei meiner jüngsten Reise dorthin bloß das Restaurant des unscheinbaren Four-Seasons-Hotels in der University Avenue von Menlo Park, das unter Insidern bekannt zu sein scheint. Wenn ich dort aß, sah ich regelmäßig Prominenz von Apple an den Nebentischen.

Der Immobilienboom liegt also ausschließlich am Interesse der digitalen Wirtschaft an der Gegend. Doch wie entstehen solche Wohlstandsinseln der digitalen Revolution? Drei Erfolgsfaktoren sind dafür Voraussetzung.

Erfolgsfaktor eins. *Die Nähe von Eliteuniversitäten.* Eliteuniversitäten bewirken eine Konzentration von Brainpower, Netzwerken und Geld, die sich in erfolgreichen Firmenausgründungen wirtschaftlich manifestiert. So ist der ökonomische Aufschwung des Silicon Valley mit der dortigen University of Stanford verknüpft. Er setzte bereits 1951 ein, als die Universität mit dem Stanford Industrial Park ein Zentrum für technologische Forschung in ihrer Nähe eröffnete.

In den USA, wo Wissen nicht wie im Großteil Europas eine Angelegenheit für Professoren in Elfenbeintürmen ist, sondern der Stoff, aus dem Fortschritt besteht, bot der Stanford Industrial Park Absolventen der Universität die Möglichkeit, ihre während des Studiums erworbenen Kenntnisse praktisch anzuwenden.

Es entstand – auch aufgrund der Nähe von Berkeley als zweiter Universitätsstadt – ein florierendes Industriegebiet. Mit der Entwicklung der Computertechnik kamen schließlich die digitalen Firmen. Im Umkreis von einer halben Stunde Autofahrt um die University of Stanford befinden sich jetzt die Zentralen von Konzernen mit einem Börsenwert von zusammen 1.000 Milliarden Dollar. Google, Apple, Facebook, Cisco, Intel, Oracle, Tesla, eBay, Electronic Arts oder etwa HP Inc. haben dort ihre Zentralen. Auch rund um Universitätsstädte wie Austin und Boston in den USA oder Cambridge und Oxford in England entstehen schon ähnliche Wohlstandsinseln. Cambridge gilt bereits als europäisches Silicon Valley.

Eliteuniversitäten sind schon deshalb Garanten für den Aufschwung ihrer Region, weil sie ein leistungsorientiertes Klima schaffen.

Ich habe dieses Klima selbst bei meinem Studium an der Harvard University an der Ostküste der USA erlebt. Das erste Mal in einem amerikanischen Hörsaal zu sitzen, war ein echter Kulturschock für mich. In Österreich, wo ich zur Schule gegangen war, gilt das Prinzip »Durchkommen reicht«. Wer sich anstrengt, um besonders gute Noten zu bekommen, wird zum Außenseiter. »Die Noten schaut doch später keiner mehr an«, heißt es dann. »Warum tust du dir das an?«

Wenn ein Student an der Wiener oder Berliner Universität eine Frist nicht einhält, bekommt er nach dem Motto »Nur kein Stress« eine neue, und wenn er die wieder nicht einhält, ist er vielleicht sogar cool. Im britischen Cambridge würde ein Professor zu so einem Studenten sagen: »*This is a disgrace*« – Das ist eine Schande. An der amerikanischen Harvard-Universität würde ein Professor sagen: »*Get your ass moving*« – Bewege deinen Hintern.

Dank einer glücklichen Verkettung von Umständen lernte ich auch die Universität von Cambridge näher kennen. Hermann Hauser, ein österreichischer, in Cambridge tätiger Ingenieur sowie Computerunternehmer und Risikokapitalgeber, lud mich mit einer Delegation anderer österreichischer Geschäftsmänner dorthin ein. Wir hatten uns anlässlich einer meiner Vorträge im Rahmen des »Europäischen Forums Alpbach«, bei dem Wissenschaftler, Unternehmer, Politiker, Experten und Studenten aus allen Teilen der Welt aktuelle Fragen diskutieren und interdisziplinäre Lösungsansätze suchen, kennengelernt.

Bei dem Besuch erfuhr ich, dass es Cambridge nicht mehr bei der bloßen Realisierung unternehmerischer Ideen belässt. Früher verkauften die Studenten und Absolventen ihre Konzepte und Unternehmen rasch an Investoren, die das große Geld damit machten. Doch jetzt sorgt die Universität mit Konzepten ähnlich dem des Stanford Industrial Parks dafür, dass die Gründer die kleinen Firmen selbst erfolgreich machen und die davon ausgehenden Wirtschaftsimpulse in der Region bleiben können. Denn die Cambridge-Professoren sind überzeugt, dass sie in Wissenschaft und Forschung das Silicon Valley mit Stanford und Berkeley bereits überholt haben. Nun, so glauben sie, müssen sie nur noch ihre Wirtschaftskompetenz verbessern, um ebenso viele Milliardenkonzerne anzusiedeln.

Der Chef des Cambridge Networks, einem Verein zur Koordination aller dort ansässigen Unternehmen, hielt vor uns Besuchern einen Vortrag über ein zu diesem Zweck geschaffenes Fortbildungsprogramm, die School for Scale-Ups. Der Kurs, der 5.000 Pfund kostet, vermittelt das Wissen, das Gründer brauchen, um ihre Firmen schnell und effizient zu vergrößern.»Sind noch Plätze frei?«, fragte ich.»Das wäre genau das Richtige für mich.«

Seither fliege ich einmal im Monat nach Cambridge und sehe jedes Mal mehr Baukräne in den Himmel ragen, denn überall entstehen neue Laboratorien und Science Parks für die Firmenausgründungen dieser Eliteuniversität. Science Parks sind Großraumbüros, in denen es vor allem um den

Austausch innerhalb einer unternehmerischen Nach-
wuchs-Elite geht. Ich sah mir einen an. Dort herrschte typisch britisches Understatement: Vier bis zehn Menschen
saßen in jedem Raum. Das Mobiliar war schlicht und außer
einer Fotogalerie, die alle Jungunternehmer zeigte, waren
die Wände schmucklos. Doch wer in so einem Science
Park arbeitet, hat davon Vorteile. Benötigt er einen Geldgeber oder einen Programmierer mit speziellen Fertigkeiten, findet sich jeweils rasch einer. Die Universität und
die lokale Business-Community unterstützen ihn bei der
Suche.

Dafür, dass in den Science Parks nur die besten Jungunternehmer landen, sorgen ungewöhnliche Auswahlkriterien.
Eines fiel mir in der Ausschreibung besonders auf.

Wir suchen irrationale Rationalisten.

Denn neben der Leistungsorientierung ist der konstruktive
Umgang mit dem Scheitern in Cambridge ein Erfolgsfaktor. Ein Professor erklärte mir einmal:

It's a safe place to do risky things.
(Hier ist ein sicherer Platz, um riskante Ideen
auszuprobieren.)

Denn Eliteuniversitäten wie Cambridge verlangen zwar
von ihren Studenten Höchstleistungen, dafür ist aber ihre
Fehlertoleranz hoch.

Ein weiterer Satz, den einer der Professoren zu mir sagte, macht den Unterschied zwischen der neuen und der alten Welt besonders deutlich:

Wir wollen hier Milliardenkonzerne entwickeln.

Es würde mich sehr wundern, sollte jemals ein Wiener oder ein Berliner Professor so etwas gesagt haben, ohne dafür verspottet zu werden.

Erfolgsfaktor zwei. *Die Wirtschaftsfreundlichkeit eines Landes, einer Region oder einer Stadt hinsichtlich Regulierungen, Steuern und Förderungen.* Ein Land, eine Region oder eine Stadt müssen nicht unbedingt über eine Spitzenuniversität verfügen, um digitale Unternehmen anzuziehen und damit zu einer der künftigen Wohlstandsinseln zu werden. Die asiatischen Start-up-Zentren, allen voran Hongkong, schaffen das durch ein besonders niedriges Niveau an Bürokratie und Regulierung sowie mit günstigen Steuersätzen. Hongkong punktet zudem mit einem wirtschaftsfreundlichen Konkursrecht und hat sich damit ebenfalls als ein guter Ort etabliert, um riskante Ideen auszuprobieren. Wer in Europa mit einer Firmenidee scheitert, dem drohen endlose wirtschaftliche und sogar strafrechtliche Verwicklungen. Wer in Hongkong oder in den USA Schiffbruch erleidet, kann rasch neu starten.

Innerhalb Europas positionieren sich Amsterdam und Dublin mit ähnlichen Mitteln als Anlaufstellen für digitale

Unternehmen. Beide Städte bieten niedrige Steuern sowie Spezialsteuersätze in Bereichen, die für die digitale Wirtschaft wichtig sind, etwa für Lizenzeinnahmen und andere Einnahmen aus geistigem Eigentum.

In Dublin haben sich deshalb die so genannten Silicon Docks entwickelt, in denen die Europazentralen von Facebook, Google, Twitter, LinkedIn und Airbnb angesiedelt sind. Die sind bestimmt nicht wegen dem schönen Wetter dort.

Auch staatliche Förderprogramme können bei der Entstehung von Wohlstandsinseln längerfristig eine Rolle spielen.

So hat Israel schon in den 1990er-Jahren die Bedeutung der digitalen Unternehmen erkannt und Fördermaßnahmen ergriffen.

In einem der dafür geschaffenen Programme mussten Gründer zunächst zwölf Millionen Dollar bei privaten Risikokapitalgebern auftreiben. Gelang es ihnen, gab ihnen der Staat weitere acht Millionen. Ein paar Unternehmen scheitern gewöhnlich bei solchen Programmen trotzdem, doch der volkswirtschaftliche Gewinn in Form von Arbeitsplätzen und Steuern, den die Erfolgreichen mit sich bringen, wiegt das auf.

Heute hat Israel, gemessen an der Bevölkerung, die meisten Start-ups der Welt. Auch dank der hohen Ausgaben Israels für Forschung und Entwicklung kommen dort inzwischen jeder zehnte Arbeitsplatz und die Hälfte des Exportvolumens aus der digitalen Wirtschaft.

Erfolgsfaktor drei. *Liberales Klima.* Grund für die Dichte der im Silicon Valley ansässigen digitalen Unternehmen ist neben der Anziehungskraft der Universitäten von Stanford und Berkeley und der wirtschaftsfreundlichen amerikanischen Grundstimmung das in Kalifornien traditionell liberale und progressive Klima. Die ersten Schwulenviertel der USA sind hier entstanden, und hier hatte die Flower-Power-Bewegung eines ihrer Zentren. Jetzt begünstigt dieses offene Klima die Wirtschaft, weil sich junge Unternehmer nicht erdrückt von dem Alten fühlen. Dafür akzeptieren sie im Silicon Valley sogar etwas höhere Steuern, als sie ihnen andere amerikanische Bundesstaaten abverlangen würden.

Wie wichtig den digitalen Unternehmern so ein offenes Klima ist, haben sie 2016 im amerikanischen Wahlkampf bewiesen, als sich Donald Trump gerade mit reaktionären Aussagen profilierte. Rund 150 digitale Pioniere, unter anderem Computeringenieur und Apple-Mitgründer Steve Wozniak, Facebook-Mitbegründer Dustin Moskovitz, eBay-Gründer Pierre Omidyar und Wikipedia-Mitgründer Jimmy Wales, unterschrieben einen offenen Brief, den die Online-Zeitung Huffington Post publizierte.

»Trump wäre eine Katastrophe für die Innovation«, hieß es darin über den späteren Wahlsieger. »Donald Trump macht außerhalb von launischen und widersprüchlichen Behauptungen kaum Aussagen über konkrete Politik.« Die digitalen Unternehmer beklagten Trumps »spalterische Kandidatur« und forderten Aufgeschlossenheit gegenüber Neuankömmlingen und Redefreiheit. »Wir wollen einen Kandidaten, der die Ideale verkörpert, die Amerikas Technologieindustrie groß gemacht haben«, schrieben sie.

Dass gerade die digitale Wirtschaft ein Problem mit Abschottung gegenüber anderen Kulturen und der Ausgrenzung von Minderheiten hat, liegt nahe. Viele ihrer Akteure sind jung, gehören verschiedenen Kulturen an, sind multisexuell und haben keine Lust darauf, sich wegen ihrer Herkunft, ihrer Hautfarbe, ihrer Religion oder ihren Neigungen attackieren, verurteilen oder ausgrenzen zu lassen.

Im deutschsprachigen Raum hat das liberale Klima Berlins die Stadt als Brennpunkt der digitalen Wirtschaft etabliert. Der Austausch zwischen jungen Menschen aus verschiedenen Ländern und Gesellschaftsschichten ist dank der Offenheit und Multikulturalität Berlins groß.

Auch ich mag Berlin. Nicht nur, weil ich dort viele Kunden habe, mit denen ich schon gute Geschäfte machen konnte. Ich gehe dort auch gerne aus. Unter anderem in den KitKatClub, eine wilde Diskothek in einem Gewölbe mit vielen Ebenen und einem Pool, deren Gäste aus aller Welt anreisen, teils um das ganze Wochenende zu tanzen und zu vögeln. Oder in die alternative Diskothek Berghain, deren legendäre Partys erst um zwei oder drei Uhr morgens richtig anfangen.

Einmal sah ich mir in der Nähe des Alexanderplatzes einen Inkubator, also ein privat geführtes Großraumbüro für Start-ups, an. Früher hatte das Gebäude als Zentrale eines Finanzkonzerns gedient, jetzt nutzten es junge Unternehmer aus der Finanzbranche als Arbeitsraum. Mich empfingen in diesen Räumen Kreativität und Spielfreude, beinharte Arbeit und klarer Fokus sowie jede Menge Party. Eine Mischung, die ich so aus Wien nicht kenne, die aber Erfolg produziert.

Denn Freigeister fühlen sich in der traditionellen Wirtschaft mit ihren bürokratischen Strukturen, ihrer rigiden Besprechungskultur, ihren altmodischen Dresscodes und ihren fixen Arbeitszeiten nicht wohl. Sie brauchen Freiraum, wollen zwischendurch spazieren gehen, vielleicht ihre Tiere dabeihaben und zur Auflockerung ab und an ein bisschen Tischtennis spielen.

Schon gar nicht haben Freidenker Lust auf die Art, in der klassische Unternehmen Innovationen geradezu unterdrücken: Kreative müssen dort eine neue Idee zuerst einmal mit zehn anderen Mitarbeitern besprechen, schließlich muss eine Veränderung dem Compliance Code, dem Ethik-Code, dem Firmen-Code oder den Vorgaben über das Risikomanagement entsprechen. Dabei müssen sie sich auch noch schief anschauen lassen, und wenn sie ihre Idee trotz aller Hürden durchsetzen können, gibt es immer einen Boss oder einen Boss eines Bosses, der anschließend behauptet, das Ganze sei seine eigene Leistung gewesen. Umgekehrt riskieren die Innovatoren ihren Job, wenn die Sache schiefläuft. In so einem Umfeld haben sie fast nichts zu gewinnen, aber viel zu verlieren. Das erstickt Innovation im Keim.

Entwickelt sich stattdessen aufgrund der Anwesenheit von Brainpower, wirtschaftsfreundlichen Gesetzen und einem offenen Klima ein positiver Kreislauf, werden die dabei entstehenden Brennpunkte der digitalen Wirtschaft von selbst immer stärker. Denn je mehr digitale Unternehmen vorhanden sind, desto mehr neue kommen hinzu. Schon deshalb, weil viele digitale Unternehmer nicht nur ein Unternehmen ins Leben rufen.

Was sie bei der Gründung ihres ersten Start-ups gelernt haben, nutzen sie oft zur Realisierung weiterer Geschäftsideen.

Kreislauf zwei. *Der negative Kreislauf.* Länder, die aus kurzsichtigem politischen Kalkül heraus die Angst der Menschen vor Veränderungen bedienen und deshalb das bestehende System zu bewahren versuchen, vertreiben damit die digitalen Unternehmen und die kreativen Freigeister. Sie verlieren Arbeitsplätze und nehmen weniger Steuern ein. Um die Kosten für die vielen Arbeitslosen bezahlen zu können, werden sie die Steuern erhöhen müssen, womit sie noch mehr Unternehmen vergraulen und weitere Menschen arbeitslos machen werden. Je weniger digitale Unternehmer dort bleiben, desto stärker zieht es auch die letzten woanders hin. Diese Städte, Regionen und Länder werden abstürzen.

Im Vergleich zu Städten wie San Francisco, Berlin oder Amsterdam befinden sich zum Beispiel Paris, Rom oder Madrid in der Negativspirale. Wenn sie nicht bald aufwachen, werden sie so, wie das Silicon Valley oder Cambridge klassische Gewinnerregionen sind, die Mittelpunkte klassischer Verliererregionen darstellen.

Die genannten Städte sind alle schön und die Lebensqualität ist hoch, doch das reicht schon jetzt nicht mehr. Erst jüngst traf ich in San Francisco zwei aus Frankreich stammende Unternehmer, die mir das Problem in drei Sätzen erklärten.

> *Was sollen wir in Paris? Der Käse ist gut, aber die Politik ist schlecht. Die Politiker dort wollen uns nicht.*

Es gibt dabei zwei Faktoren, die die Negativspirale von Städten, Regionen und Ländern auslösen können.

Faktor eins. *Bürokratie, Überregulierung und hohe Steuern.* Die beiden französischen Unternehmer in San Francisco verwiesen unter anderem auf das französische Arbeitsrecht, das für digitale Unternehmer nicht nur hinderlich, sondern zugleich wettbewerbsverzerrend ist. Denn die meisten von ihnen müssen nicht wie Pizzerien oder Schlüsseldienste in einem regionalen, sondern in einem globalen Konkurrenzkampf bestehen.

Wenn ihre Programmierer pünktlich nach 35 Wochenstunden nach Hause gehen, wie es in Paris gegenwärtig üblich ist, haben sie einen womöglich ruinösen Nachteil gegenüber Konkurrenten etwa aus dem Silicon Valley, deren Programmierer ihnen 70 Stunden die Woche helfen, ihre Ideen zu verwirklichen.

Das Arbeitsrecht in fast ganz Europa beruht auf einer Definition von Arbeit, bei der eine fixe Zahl von Mitarbeitern zu einer fixen Arbeitszeit in ein fixes Büro kommt, und die damit dem Arbeitsbegriff der digitalen Wirtschaft nicht entspricht. Es berücksichtigt nicht die Existenz von Plattformen wie Upwork, über die jedes noch so kleine Unternehmen tun kann, was früher Konzernen vorbehalten war: Dienstleistungen auf der ganzen Welt zuzukaufen.

Ein Zwei-Mann-Unternehmen, das eine Internetseite benötigt, kann sie so von zwei Designern gestalten lassen, die in Sibirien bei minus 30 Grad an ihren Computern sitzen. Jedes Unternehmen kann über Upwork und ähnliche Plattformen jederzeit unter Dienstleistern wählen, die verfügbar sind, hohe Arbeitsanreize haben und ihr Fach beherrschen. Klar, dass gerade digitale Unternehmer diese Möglichkeit nutzen, wenn sie selbst einem anachronistischen Arbeitsrecht ausgeliefert sind. Oder sie wandern ganz ab.

Die hohen Steuern, die digitale Unternehmer beispielsweise in Frankreich zahlen müssen, fallen bei derartigen regulatorischen Erschwernissen doppelt ins Gewicht. Selbst wenn sie genauso gute Arbeit machen, haben sie schlechte Chancen gegen ein Unternehmen mit Sitz in einem Niedrigsteuerland. Denn ihnen bleibt ein viel geringerer Anteil ihres Gewinnes, den sie wieder in ihr Unternehmen investieren können. In einem Land, das wie Irland zehn Prozent Unternehmenssteuer verlangt, bleiben einem Unternehmen, das eine Million Euro verdient hat, 900.000 Euro, um sie in die Expansion zu investieren. In Deutschland bleiben einem Unternehmen, das genauso viel verdient hat, bloß 650.000 Euro für die Expansion. Das heißt, dass das Unternehmen mit Sitz in Irland fast 50 Prozent mehr investieren kann. Es ist wohl klar, wer von den beiden in einem harten Wettbewerbsumfeld gewinnen wird.

Nicht nur Paris, Rom und Madrid bedroht dieser Faktor. Auch deutsche Städte, die nicht die Vorteile Berlins haben, müssen bald aufwachen, um nicht in die Negativspirale zu geraten. Ich erlebe das regelmäßig als Vorsitzender einer Jury, die an der Privatuniversität Witten/Herdecke Businesspläne von Jungunternehmern bewertet.

Einmal präsentierte dort ein Student eine Vermittlungsplattform, über die junge Menschen gegen ein kleines Entgelt älteren Menschen bei alltäglichen Erledigungen helfen könnten. Seine Idee war gut. Alte Menschen bekämen bezahlbare Hilfe und wären weniger einsam, junge Menschen könnten, statt am Computer zu sitzen und League of Legends oder Counter Strike zu spielen, etwas Gutes tun und sich dabei ein Taschengeld verdienen.

Doch die Studenten, die sich bei der Plattform anmelden würden, müssten wahrscheinlich als deren Angestellte eingestuft werden. Geringfügigkeitsgrenzen sind schnell überschritten, und die Lohnnebenkosten sowie die Sozialversicherungsabgaben, die bei der Anmeldung anfielen, würden das Geschäft unrentabel machen. Von den neun

Businessplänen, die unsere Jury bisher zu bewerten hatte, sind vier am deutschen Arbeitsrecht gescheitert.

In Wien ist es ähnlich. Die dortige Arbeiterkammer hat das Arbeitsrecht in einem Druckwerk zusammengefasst. Dabei ist nicht etwa eine Broschüre mit 30 Seiten entstanden, sondern ein Buch mit nicht weniger als 740 Seiten. Dazu kommt, dass die Wiener Universitäten etwas altmodisch sind und sich die Politik an Ressentiments und populistischen Strömungen orientiert.

Wie sehr sich die Abwärtsspirale in Wien bereits dreht, wurde mir klar, als ich gemeinsam mit einem Start-up-Gründer zu einem Gokartrennen in Wien-Strebersdorf fuhr. Veranstalter war der Entwickler einer App, die neue Vergleichsmöglichkeiten für Produkte schafft. Ich nahm selbst nicht am Rennen Teil, weil ich am Abend noch einen Termin hatte, bei dem ich nicht verschwitzt sein wollte. Mir ging es vor allem um Kontaktpflege. »Wie läuft das Geschäft?«, fragte ich den Veranstalter.

»Gut«, antwortete er. »Wir ziehen gerade nach Berlin um.«

»Wow«, sagte mein Begleiter. »Du hast es geschafft.«

Erfolgreich ist ein Wiener Start-up-Unternehmer also dann, wenn er nach Berlin abwandern kann.

Faktor zwei. *Die Mobilität der digitalen Unternehmer.* Warum sollten sich Firmengründer, deren unternehmerische Konzepte sie mobil machen, und die unter ihresgleichen sein und wachsen wollen, überbordende Regulierungen, hohe

Steuern und ein leistungsfeindliches Klima antun? Weil sie in Paris, Rom, Madrid oder Bremen zur Welt gekommen sind?

Wiener Start-up-Unternehmer fühlen sich mit Start-up-Gründern aus Pakistan oder der Mongolei in einem Science Park in Cambridge ganz bestimmt intellektuell, wirtschaftlich und menschlich verbundener als mit jedem Studienkollegen von der Hauptuni an der Ringstraße, der gerade seine Beziehungen strapaziert, um einen vermeintlich sicheren Beamtenjob zu ergattern. Ein Prinzip, das für die digitale Wirtschaft noch mehr gilt als für alle anderen Wirtschaftszweige und ihre Mobilität erhöht.

In den Städten, Regionen und Ländern, die gemäß dem Olympia-Prinzip verlieren werden, könnte es ziemlich ungemütlich werden. Denn nach der Abwanderung der digitalen Leistungsträger werden dort nur noch die weniger gebildeten, weniger mobilen und zunehmend verarmenden Bevölkerungsschichten zurückbleiben und sich an die sozialen Sicherungsnetze klammern.

Die Kriminalität wird steigen. Die Straßen und Bahnhöfe werden genau wie Krankenhäuser und Schulen leiden, weil den Staaten, Ländern und Städten die Mittel dafür fehlen werden. Die Immobilienpreise werden fallen, denn niemand benötigt dann noch schöne Büros, und keiner kann sich luxuriöse Wohnungen leisten. Nur die Nachfrage nach Sozialwohnungen wird steigen und an den Stadträndern werden Slums entstehen.

In Duisburg-Marxloh wird offensichtlich, wie sehr der Einbruch eines Industriezweiges ganze Stadtteile nachteilig beeinflussen kann. Der Stadtteil galt noch in den 1970er-Jahren als eine attraktive Wohnlage, in der Gastarbeiter und deutsche Bürger friedlich zusammenlebten. Doch mit dem Zusammenbruch der Stahlindustrie änderte sich das: Tausende Menschen im Bezirk wurden arbeitslos, wer eine gute Ausbildung genossen hatte und noch jung war, wanderte in andere Gegenden ab.

Durch den Massenabzug wurden Häuser, Wohnungen und Grundstücke praktisch wertlos. So blieben diejenigen zurück, die sich den Umzug in eine andere Gegend nicht leisten konnten. Der Einzelhandel verlor an Kunden. Heute haben Familienclans die Gegend unter sich aufgeteilt, und die einzelnen ethnischen Gruppen bleiben daher zunehmend unter sich. Unter Marxlohern heißen Straßen jetzt »die Straße der Rumänen« oder »die Straße der Kurden«.

Die Duisburger Polizei sieht diesen Zustand äußerst kritisch und prognostiziert, die rechtsstaatliche Ordnung könnte in Marxloh gefährdet sein, falls die Situation sich verschlimmert. In der Vergangenheit hatte auch die Polizeigewerkschaft körperliche Gewalt gegen die Polizeibeamten scharf kritisiert. Sie sprach von einer »No-go-Area«.

Überall dort, wo Städte, Regionen und Länder die digitale Revolution verschlafen, könnte die künftige Weltkarte derartige No-go-Areas aufweisen.

DIE GROSSE VERBLÖDUNG

Meine Mitarbeiter und meine Berater sagten mir, dass die Zukunft des Internets in der dreidimensionalen virtuellen Realität liege. Deshalb beschloss ich, mich mit dem Thema zu beschäftigen und kaufte mir eine ziemlich teure und etwas klobige Brille. Ich testete sie anhand eines Computerspiels, weil das die am leichtesten verfügbare Anwendung ist. Ich war beeindruckt. Ich steuerte keinen Helden wie bei einem herkömmlichen Computerspiel, ich war selbst der Held.

Hinterher gingen mir drei Gedanken durch den Kopf. Einer betraf die Möglichkeiten, die sich für meine Akademie durch die virtuelle Realität auftun. Eines Tages werden sich die User meiner Akademie in Echtzeit mit ihren Vortragenden treffen und ihnen Fragen stellen können, egal wo auf der Welt sie sich gerade aufhalten.

Mein zweiter Gedanke war, dass die virtuelle Realität vermutlich die Augenärzte reicher machen wird und mein dritter, dass es, wenn die Brillen besser, billiger und massentauglicher hergestellt werden können, zwar intelligente Nutzungen, etwa für Bildungseinrichtungen, virtuelle Immobilienbesichtigungen oder andere Produktpräsentationen geben wird, dass solche Nutzungsformen aber die Minderheit darstellen werden.

> *Genauso wie das Internet selbst werden die meisten*
> *Menschen die virtuelle Realität vor allem für*
> *Schwachsinn nutzen.*

Ich brauche mir nur anzusehen, welche Videos auf YouTube die meisten Klicks bekommen. Es sind die, auf denen sich Menschen selbst beim Computerspielen filmen und kommentieren. Womit für mich klar ist, dass Schießen und Vögeln schon die anspruchsvolleren Dinge sein werden, mit denen sich künftige Besucher der virtuellen Realität mehrheitlich befassen werden.

Bei meinen Vorträgen lacht das Publikum meist, wenn ich von einer Videobloggerin erzähle, die hingebungsvoll gefilmt hat, wie sie sich eine Strumpfhose auf die Haut sprüht, und wie sich ihr Freund einen Sonnenschirm auf den Kopf setzt. Oder wenn ich von einem Blogger berichte, der zeigt, wie er bei McDonald's mehrere Hundert Burger kauft. Realität ist, dass beide für die genannten Beiträge deutlich mehr als eine Million Klicks bekommen haben. Tendenz steigend. Zum Vergleich: Selbst die erfolgreichsten deutschen Fernsehsendungen erreichen nur etwa zehn Millionen Menschen. Tendenz fallend. Es ist nur eine Frage der Zeit, bis die bekanntesten YouTuber eine größere Reichweite als die stärksten Fernsehsender haben.

Die virtuelle Realität wird einen Prozess beschleunigen, der bereits läuft, seit Menschen ihre Zeit mit solchem Unfug verbringen, Hunderte Kilometer weit in die Irre fahren, weil sie ihre Navis falsch programmiert haben, wegen ihrer Handysucht die Pflege echter sozialer Kontakte vergessen oder statt mit Worten nur noch über Emojis kommunizieren: die große Verblödung.

Diese Verdummung wird nicht die ganze Gesellschaft betreffen. Sie wird vielmehr die Trennlinie zwischen jenen, die sich mit der digitalen Welt befassen, sie verstehen, sich ihr anpassen und sie gestalten, und jenen, die das Neue, das technisch Machbare höchstens als Konsumenten nutzen, vertiefen.

Auf der einen Seite werden jene stehen, die von ihren Eltern, ihren Freunden und bei ihrer Ausbildung lernen, wie sie virtuelle Realitäten herstellen oder für ihren persönlichen Fortschritt nutzen können. Auf der anderen Seite diejenigen, die von ihren Eltern und ihren Freunden erfahren, wie sie am virtuellen Strand eines virtuellen Malibus die attraktivste virtuelle Frau oder den attraktivsten virtuellen Mann finden, oder wie sie bei Bumm-Bumm-Spielen die meisten Punkte sammeln können.

Die virtuelle Realität wird diese Trennlinie schließlich endgültig in die zwischen Gescheit und Dumm verwandeln, die von Generation zu Generation weitergegeben werden wird.

Hier entsteht eine soziale Kluft wie jene, die durch Hartz IV geschaffen wurde, bloß ist es diesmal Hartz IV im Quadrat. Dies aus einem einfachen Grund: Das Gehirn benötigt wie unsere Muskeln regelmäßig Herausforderungen, um nicht zu verkümmern. Viele Menschen haben schon jetzt teilweise zu denken aufgehört und überlassen das lieber ihrem Computer. Sie verlieren nicht nur die Fähigkeit, selbst zum gewünschten Ziel zu gelangen, sondern etwa auch die Fähigkeiten, zu rechnen und zu schreiben, beides Voraussetzungen für den Erfolg im Berufsleben. Wenn Menschen nicht einmal mehr selbst darüber nachdenken, wo sie essen gehen wollen, sondern sich nur noch in ein selbstfahrendes Auto setzen, das sie zu dem Restaurant bringt, das ein Computer auf Basis ihrer bis dahin erfassten Vorlieben ausgewählt hat, verlernt ihr Gehirn auch, Entscheidungen zu treffen.

Die virtuelle Realität wird viele Menschen endgültig von der geistigen Herausforderung befreien, ihr Leben ihren Wünschen gemäß zu gestalten. Denn sie wird einen verführerischen Ersatz dafür bieten.

Mein neuer Tesla etwa könnte trotz seiner luxuriösen Ausstattung, seiner unglaublichen Beschleunigung und seiner dank des tiefen Schwerpunktes perfekten Straßenlage mit einem Tesla in der virtuellen Realität nie mithalten. Ich muss ihn regelmäßig reinigen lassen, manchmal hat er Kratzer, das regelmäßige Laden erfordert einige logistische Planung und die Geschwindigkeitsbeschränkungen und Parkplatzprobleme sind die gleichen wie bei jedem anderen Auto. Ein Tesla in der virtuellen Welt hingegen steht immer in perfektem Glanz da. Selbst wenn sich ein Nutzer damit mehrmals überschlägt, ändert sich nichts an seinem Aussehen und seiner Fahrtüchtigkeit. Mit 300 Stundenkilometern auf der virtuellen Autobahn zu fahren ist außerdem spannender, als sich mit 20 Stundenkilometern durch den realen Stau zu quälen.

Das Gleiche gilt für Partner. Die echten sind manchmal müde, haben Kopfschmerzen, sind übelgelaunt, zweifeln oder wollen mit einigem Aufwand verführt oder für etwas begeistert werden. Die virtuellen Partner dagegen machen immer nur das, was ein Nutzer von ihnen will, und sehen dabei genau so aus, wie er sie sich wünscht.

Ich will Computerspiele nicht verurteilen. Es gibt lustige. Ich bin früher gerne virtuelle Autorennen gefahren und habe dabei gelernt, dass ich nach ein paar Gläsern ständig in die Böschung fahre. Genauso wenig will ich die virtuelle Realität verurteilen, schon wegen der Vorteile, die sie bringt.

Doch wie groß die Nachteile der virtuellen Realität sind, wurde mir bewusst, als ich jüngst bei einer Party eine Weile vor einer verschlossenen Klotür stand. Ich ging hinaus in den Garten, um dort meine Notdurft zu verrichten, und stieß auf den Hund des Hauses, mit dem ich eine Weile spielte, bis er mich zurück nach drinnen begleitete. Als wir am Klo vorbeikamen, ging die Tür gerade auf. Der Hund stieß ein Jaulen aus, als wäre ihm jemand auf seine Pfote getreten, denn aus dem Raum kam ein beißender Geruch nach illegalen Chemikalien, mit denen sich die beiden Jungs, die herauskamen, offenbar befasst hatten. »Sogar der Hund merkt, dass das Gift ist, was ihr euch da verabreicht«, sagte ich. »Was gibt euch das?«

Einer von ihnen zuckte mit den Schultern. »Dein Leben ist cool«, antwortete er. »Du setzt dich nach der Party in deinen Sportwagen und fährst nach Hause in deine schöne Wohnung. Unser Leben ist scheiße, deswegen müssen wir uns manchmal auf diese Art wegbeamen.«

Als ich später tatsächlich in meinem Aston Martin saß und zurück in meine schöne Wohnung fuhr, dachte ich daran, dass die virtuelle Realität für viele die bessere Droge sein wird. Sie ist leichter verfügbar und völlig legal, und der körperliche und geistige Verfall sowie die soziale Verwahrlosung, die sie mit sich bringt, werden so schleichend sein, dass die Süchtigen sie nie bewusst wahrnehmen werden.

Dass die Designer der virtuellen Realität deren Suchtpotential nutzen und damit noch mehr Menschen in diese Falle locken werden, ist klar. Sie werden es schon einfach deshalb tun, weil sie es können. Und dass sie es können, zeigen sie bereits jetzt mit den Computerspielen. Diese manipulieren das Belohnungssystem des Gehirns und arbeiten mit Tricks aus der Glücksspielindustrie, denen schwer zu widerstehen ist.

Die Oberschicht und die digitalen Aufsteiger aus der Mittelschicht werden jedoch keinen Grund haben, in die virtuelle Welt zu flüchten. Auch für die unteren sozialen Schichten wird diese neue Möglichkeit keinen großen Unterschied machen. Bei ihnen ist die Tendenz, das Glück im Konsum, im Entertainment und in Drogen zu finden, schon immer besonders ausgeprägt gewesen.

Vor allem die Kinder der nach unten ausfransenden Mittelschicht werden die Opfer sein. Vieles wird sie in die virtuelle Welt treiben und dort festhalten. Der Mangel an Arbeitsplätzen zum Beispiel, der soziale Abstieg, die Unerreichbarkeit der globalen Glamourwelt, die ihnen die Medien ständig präsentieren, schwindende persönliche Beziehungen und die so verursachte Tendenz zu seelischer und körperlicher Krankheit. Sind sie dort einmal angekommen, wird alles noch schlimmer werden. Denn wer verblödet ist, kann erst recht kein Geld mehr verdienen, um sich ein reales, gutes Leben aufzubauen.

Die virtuelle Realität und die damit einhergehende Verdummung werden in Zukunft vermutlich ein größeres Problem als Drogen darstellen. Sie werden weite Teile der Gesellschaft sozial isolieren, geistig mumifizieren und insgesamt dümmer, fauler, fetter und ärmer machen.

Die virtuelle Realität wird aus Millionen von Absteigern die Lebenslust saugen, während sie mit Brillen auf den Augen sabbernd auf ihren Sofas lungern.

DIE EXPONENTIELLE BESCHLEUNIGUNG DER DIGITALEN REVOLUTION

In der Schule lernen wir, linear zu denken, doch exponentielle Kurven wie Logarithmen verstehen die wenigsten Menschen. Das Prinzip dieser Kurven ist, dass ihre exponentielle Steigerung eine Weile unmerklich ist, doch irgendwann geht das Ding ab wie eine Rakete.

Genau so ist es bei der digitalen Revolution.

Zum besseren Verständnis des Begriffes »exponentiell« hier eine alte Geschichte von einem König und seinem Berater. Der König konnte stets auf seinen Berater zählen, wofür er sich eines Tages erkenntlich zeigen möchte. »Du warst immer ehrlich und verlässlich«, sagt der König zu ihm. »Deine weisen Ratschläge haben mir Vorteile gebracht. Nenne mir einen Wunsch, und ich erfülle ihn dir.«

»Eure Majestät«, antwortet der Berater. »Ich esse gerne Reis. Außerdem spiele ich gerne Schach. Also legt mir bitte ein Reiskorn auf das erste Feld eines Schachbrettes und zwei auf das nächste. Verdoppelt jeweils die Menge der Reiskörner bis zum letzten Feld und schenkt mir dann alle Körner, sodass ich jeden Tag Reis essen kann.«

Der König ist verwundert. »Wenn es weiter nichts ist«, sagt er. Er bedeutet einem Diener, den Wunsch seines Beraters zu erfüllen.

Der König und sein Diener stellen allerdings bald fest, dass es zur Erfüllung dieses Wunsches im ganzen Palast und im gesamten Königreich nicht genug Reiskörner gibt. Denn zwar kommt beim zweiten Feld gegenüber dem ersten nur ein Reiskorn dazu, beim dritten sind es gegenüber dem zweiten nur zwei Reiskörner und beim vierten gegenüber dem dritten nur vier. Doch beim 28. Feld kommen gegenüber dem 27. Feld mehr als 67 Millionen Reiskörner dazu und bei Beginn der zweiten Hälfte des Schachbrettes sind es schon mehr als vier Milliarden.

Das ist exponentielles Wachstum.

Die digitale Revolution ist jetzt ungefähr in der Mitte des Schachbrettes angekommen. Was sie bisher verändert hat, ist für die meisten Menschen noch erfassbar, so wie die Zahl vier Milliarden für die meisten Menschen noch vorstellbar ist. 1972 lag die Weltbevölkerung bei rund 4 Milliarden Menschen und der Kaufpreis für die Gesellschaftsanteile der Formel 1 lag bei rund 4 Milliarden Dollar.

Doch da die Zahl von Feld zu Feld nicht linear, sondern exponentiell steigt, wird sie nur acht Felder weiter die Grenze zum Unvorstellbaren überschritten haben. Die liegt etwa bei 1.000 Milliarden Dollar. Zwar macht zum Beispiel die amerikanische Staatsverschuldung rund 20.000 Milliarden Dollar aus, dennoch können so eine Zahl nur noch Mathematiker richtig erfassen, und sie wächst von Feld zu Feld exponentiell. Genau so wird die digitale Revolution wenige Felder weiter Ausmaße annehmen, die für uns jetzt noch unvorstellbar sind.

Die exponentielle Beschleunigung der digitalen Revolution wirft auch die Frage auf, wo sie enden wird. Visionäre wie Raymond Kurzweil, Director of Engeneering bei Google und ein Philosoph der digitalen Wirtschaft, sind überzeugt, dass neue technische Möglichkeiten so lange in immer höherem Tempo aufeinanderfolgen werden, bis der Moment der so genannten Singularität, von dem die Singularity University ihren Namen hat, erreicht ist. In diesem Moment, glaubt Kurzweil, werden die Maschinen die Menschen überholen. Von da an werden nicht mehr wir die Technologien beherrschen, sondern sie uns.

Kurzweil ist der Ansicht, dass es im Jahr 2050 so weit sein wird. Dann wird es künstliche Intelligenzen geben, die selbst in der Lage sind, neue Superintelligenzen zu schaffen, die wieder neue, noch überlegenere Superintelligenzen kreieren werden, die dann vielleicht unsere Welt beherrschen.

Im gleichen Zeitraum werden tiefgreifende Umbrüche in der Wirtschaft, wie sie bisher vielleicht zunächst alle fünfzig und später alle zehn Jahre stattfanden, zur Tagesordnung gehören. Neue lokale und internationale Monopole werden sich bilden. Die meisten traditionellen Geschäftsmodelle werden sich in Luft auflösen. Einige der großen Banken werden entweder untergehen oder stark schrumpfen.

Derzeit noch mächtige Banken und Versicherungsgesell-schaften könnten binnen kürzester Zeit zerfallen. Marken, die heute jeder kennt, könnten plötzlich abstürzen. Der Unterschied zwischen jenen, die sich anpassen und mithalten können, und jenen, die auf der Strecke bleiben, wird sich immer deutlicher zeigen: Die digitalen Aufsteiger werden ständig noch mehr glänzen, die Masse der digitalen Verlierer wird immer dumpfer werden.

Zwei Fragen stellen sich dabei, die wir als Gesellschaft zu beantworten haben werden.

Frage eins. *Wie lange wollen wir mit den exponentiell wachsenden technischen Möglichkeiten mithalten, und wie lange können wir das überhaupt?* Obwohl wir uns erst in der Mitte des Schachbrettes befinden, merke ich es schon jetzt: Mein Leben ist manchmal anstrengend. Viel anstrengender als zuvor. Ich bin ständig unterwegs. Das war ich auch schon früher, doch jetzt bin ich dabei zusätzlich ununterbrochen online, und ich muss fortwährend dazulernen.

Meine beiden Handys sind die Brennpunkte meines Lebens geworden. Meine gesamte Kommunikation läuft darüber. Alle meine Kontakte sind dort gespeichert, alle meine Notizen, und ich habe damit Zugriff auf die gesamten Daten meiner Firmen. Ich wäre hilflos, wenn jemand den Stecker ziehen und die digitale Welt ausschalten würde.

Ich spüre, wie der Druck steigt. Ich habe hochgesteckte Ziele und ich bin ein Arbeitstier. Doch wenn ich mit Banken kommuniziere und nicht binnen 24 Stunden antworte, fragen sie inzwischen nach, was los sei. Wo immer ich hinkomme, nehme ich ein Foto auf oder drehe ein Video, um es anschließend hochzuladen. Ich tue das, um aktuell zu sein. Es geht darum, im allgemeinen digitalen Geschrei am intelligentesten und kreativsten zu schreien.

Irgendwann aber wird auch meine Grenze erreicht sein. Was dann? Was wird aus der digitalen Revolution, wenn keiner mehr mitmacht, weil keiner mehr mitmachen kann?

Frage zwei. *Wollen wir überhaupt, dass die digitale Revolution auf digitale Superintelligenzen hinausläuft, die dann unser Leben bestimmen, und ist sie überhaupt noch steuerbar?* Es besteht die reale Gefahr, dass Cyborgs, also Mischformen aus Menschen und Maschinen, entstehen, die uns weit überlegen sind und die Macht übernehmen. Etwa, wenn einzelne Teile des Gehirns nachbaubar werden. Denn exponentielles Wachstum bewirkt ebenfalls, dass Dinge, die eben noch wie Science-Fiction gewirkt haben, plötzlich real werden.

Auf beide Fragen gibt es derzeit keine Antwort. Aufhalten lassen sich die Entwicklungen nicht, denn der Fortschritt bahnt sich stets seinen Weg. Wer sich der digitalen Revolution widersetzt, den überrollt sie in jedem Fall. Die beste Chance, die wir im Moment haben, besteht darin, ihre Möglichkeiten zu nutzen und uns auf die Zukunft vorzubereiten. Vor allem aber zerstört die exponentielle Beschleunigung der digitalen Revolution eine Hoffnung, die viele Menschen noch immer haben: dass nach den vielen technischen Neuerungen, die ihr

Leben verändert haben, eine Zeit der Ruhe einkehrt, in der sie sich sammeln und einen Überblick verschaffen können. Das Gegenteil wird der Fall sein. Die Neuerungen, mit denen sie zurechtkommen müssen, werden in ständig kürzeren Abständen über sie hereinbrechen.

WIE DIE DIGITALE ELITE TICKT

Die erfolgreichen digitalen Unternehmer und Spitzenmanager werden sich von den Umbrüchen, die sie verursachen, nicht beeindrucken lassen. Sie werden in den Wohlstandsinseln, die rund um die Zentren ihres Wirkens entstehen, den Zerfall der alten Welt vor allem auf Bildschirmen verfolgen und darüber nachdenken oder Computerprogramme errechnen lassen, wie sie ihre Geschäftsmodelle an die veränderten gesellschaftlichen Rahmenbedingungen anpassen können. Für den Rest der Menschheit werden sie entweder Lichtgestalten und Weltverbesserer sein, lauter größere und kleinere Mark Zuckerbergs und Steve Jobs, oder kapitalistische Feindbilder. Doch wie tickt diese digitale Elite? Zehn Eigenschaften kennzeichnet sie.

Eigenschaft eins. *Die digitale Elite will die Welt verbessern.* Das ist ein ihren Anhängern gemeinsames, übergeordnetes Ziel. Sie sind überzeugt, dass sie das können. Die neue Elite sieht im technologischen Fortschritt die Lösung der Herausforderungen, vor die das 21. Jahrhundert die Menschheit gestellt hat. Sie wird mit Computerprogrammen dafür sorgen, dass es keine Verkehrstoten und keine Staus mehr gibt, dass Menschen länger leben und etwas gegen Krankheiten tun können, bevor sie überhaupt auftreten, dass Verbrecher ihre Taten erst gar nicht begehen, weil Computerprogramme sie schon davor aufspüren, und dass es keine Beziehungsprobleme mehr gibt, weil Computerprogramme den perfekten Partner ermitteln.

Eigenschaft zwei. *Die digitale Elite ist offen.* Die alte Elite grenzt sich noch klar ab. Bei ihr zählen politische Verbindungen, familiäre Netzwerke, alte Seilschaften, Erbschaften, Traditionen, Titel und Hierarchien. Sie hat ihre Monopole und Oligopole durch die Kontrolle von Kapital sowie von Information und Kommunikation geschaffen.

Bei der digitalen Elite ist das anders. Ihr sind bisher erzielte Erfolge, Reichweite, Innovationskraft, Schnelligkeit, Effizienz und Jugend wichtig.

Ihre Monopole und Oligopole sind geprägt durch Technologie und Marken.

Dementsprechend ist es im Vergleich zu den alten Eliten erstaunlich leicht, mit der digitalen Elite in Kontakt zu treten, sei es über E-Mail, Facebook oder WhatsApp, und mit ihr ins Geschäft zu kommen. Doch sie ist hart und direkt. Wenn ihr etwas nicht passt, ist die Zusammenarbeit genauso schnell wieder vorbei.

Eigenschaft drei. *Die digitale Elite lebt in Widersprüchen.* Einige ihrer Vertreter klingen geradezu kommunistisch, andere dagegen turbokapitalistisch. Am Finanzsektor gründen die einen dann aus nachvollziehbaren, sozialen Erwägungen eine digitale Bank für das Gemeinwohl, die anderen eine Finanzplattform, die ein Konto aus nachvollziehbaren, wirtschaftlichen Gründen einfach blockiert, wenn die Kunden nicht profitabel genug sind.

Einerseits predigt die digitale Elite Diversität, andererseits ist sie selbst nicht divers. Sie ist zwar nicht wie die klassische Wirtschaft von weißen, alten Männern geprägt, doch ihr Spektrum beschränkt sich weitgehend auf jung, männlich und weiß sowie junge Männer indischer und ostasiatischer Abstammung.

Eigenschaft vier. *Die digitale Elite will Geld verdienen.* Diese Eigenschaft verbindet sie mindestens ebenso stark wie der Wunsch, die Welt zu verbessern. Das Geld benötigt sie aber nicht, um es für Luxus auszugeben. Schöne Villen, schnelle Autos, handgearbeitete Armbanduhren und handgemachte Schuhe sind ihr, wie gesagt, egal. Derlei Dinge halten sie nur auf.

Ich kenne einen Investor, der mit digitalen Start-ups viele Millionen verdient hat, und der noch immer im gleichen Haus wie zuvor lebt. Im Keller dieses Hauses steht nach starken Regenfällen manchmal das Wasser. Dann muss die Feuerwehr anrücken, um es abzupumpen. Aber wozu umziehen? »Ich habe früher nicht mehr gebraucht und ich benötige auch heute nicht mehr«, ist er überzeugt.

Die digitale Elite sieht Geld vielmehr als Mittel, um die Welt noch gründlicher zu verbessern, indem sie es in ihre Firmen reinvestiert. Ich bin mit einem Business Angel befreundet, der ein digitales Logistikunternehmen aufgebaut, an einen Multi verkauft und dabei einen Millionenbetrag verdient hat. Ich hatte erwartet, dass er danach seinen Lebensstil ändern würde, doch nichts dergleichen geschah. Er kaufte sich einen gebrauchten Porsche, aber das war alles. Den Rest des Geldes investierte er wieder in Start-ups aus dem Digitalbereich.

Eigenschaft fünf. *Die digitale Elite bewertet die bestehenden politischen Systeme negativ.* Sie lehnt diese Systeme grundsätzlich als korrupt und archaisch ab. Aus ihrer Sicht versuchen sie, den Fortschritt und damit das Wohl der Menschheit zu verhindern. Sie verzögern Innovation und stehen ihr mit Überregulierungen und zu strengen Gesetzen ständig im Weg. Steuern an politische Systeme zu bezahlen, die das Geld nur dazu verwenden, ihre eigene Macht zu festigen und bürokratische Hürden für die digitale Wirtschaft zu errichten, macht für sie keinen Sinn.

Eigenschaft sechs. *Die digitale Elite besteht aus Arbeitstieren.* Sie passt ihre Lebensumstände konsequent ihren Träumen an, und da diese Träume in nicht weniger als der Schaffung einer besseren Welt bestehen, unterscheidet sie nicht zwischen Berufs- und Privatleben. Das Gleiche erwartet sie von ihren Mitarbeitern. Wer kein Arbeitstier ist, kann in der digitalen Elite niemals bestehen.

Eigenschaft sieben. *Die digitale Elite lebt intensiv.* Trotz ihrer puritanischen, fast schon asketischen Arbeitseinstellung und ihrem enormen Tempo ist ihre Welt nicht von Drill geprägt. Ihr Leben ist vielmehr eine Achterbahn mit hart gepolsterten Sitzen, die extrem schnell unterwegs ist: Die Mitglieder der digitalen Elite haben kaum Zeit, nachzudenken, denn sobald sie sich zu diesem Zweck zurücklehnen, zieht schon ein Konkurrent vorbei.

Auch deswegen trennt die digitale Elite kaum zwischen Arbeit und Privatleben. Ich veranstalte gerne Partys, zu denen ich Bekannte aus der digitalen Wirtschaft aus ganz Europa einlade. Da werden Geschäfte und Strategien besprochen, Bewerbungsgespräche geführt und Brainstormings gemacht, und gleichzeitig wird gefeiert, gevögelt und gesoffen, alles an einem Platz. Diese Partys wirken wie Studentenpartys, haben aber eine geschäftliche Härte, die ihresgleichen sucht.

Eigenschaft acht. *Die digitale Elite stellt philosophische Fragen.* Dass die Welt, in der sie lebt, in ihrer Grundausrichtung anarchisch ist, bedeutet nicht, dass die digitale Elite gesellschaftspolitische und ethische Grundsatzfragen ignoriert. Im Gegenteil. Auf diese Fragen neue Antworten zu finden, ist Teil ihres Planes zur Verbesserung der Welt.

So diskutieren viele Zirkel im Silicon Valley über die Ungerechtigkeit des klassischen Bildungswesens oder über Fragen der Wohlstandsverteilung. Ihre Lösungsansätze unterscheiden sich dabei, wie in allen anderen Bereichen, gründlich von jenen der Politik.

Um beim Beispiel Bildungswesen zu bleiben: Die politischen Apparate wollen im Kern durch Umverteilung der Gelder von Leistungsträgern zu Leistungsschwachen ein einheitliches Bildungssystem für alle schaffen und zu diesem Zweck die bereits existierenden Bildungseinrichtungen nutzen. Die digitale Elite würde die bestehenden Systeme am liebsten komplett abschaffen und ganz neue entwickeln. Diese sollen Leistung in den Mittelpunkt stellen und dabei ohne Bürokraten, Verwalter und Funktionäre, die ihrer Meinung nach nur Geld kosten und nichts bringen, auskommen.

Eigenschaft neun. *Die digitale Elite ist jung.* Bei Google etwa liegt das Durchschnittsalter bei rund 30 Jahren. Die Radikalität ihrer Ideen zur Verbesserung der Welt ist zum Teil diesem Umstand geschuldet.

Es ist durchaus kritisch zu betrachten, wenn derart junge Menschen mit einem noch nicht gefestigten Weltbild unsere Gesellschaft so stark beeinflussen. Was sie aber de facto tun. So hat Tinder mein Dating-Verhalten und Facebook meine private und berufliche Interaktion mit anderen Menschen verändert. Die Veränderung des Google-Such-Algorithmus ist heute für viele Unternehmen bedeutsamer als die Änderung der gesetzlichen Rahmenbedingungen.

Es ist eine Tatsache, dass Menschen anders agieren, die sich in Diskos oder bei College-Partys vergnügen und ihren Lebensmittelpunkt nicht in ihren eigenen Familien finden. Sie sind Menschen, die locker drauflos leben, weil sie noch keine Verantwortung tragen und keine Verpflichtungen haben. Zudem können und müssen sie bei Entscheidungen noch nicht ihre bisherigen Erfahrungen einbeziehen.

Das hat Einfluss auf die von der digitalen Elite geschaffenen Arbeitswelten, die jedenfalls nicht familienfreundlich sind, und auf die Entwicklungsrichtung, die sie der Gesellschaft gibt. Ihre Mitglieder können von der Verbesserung der Welt sprechen, während sie Millionen ohne Job und Perspektive im Staub zurücklassen, weil diese Menschen aus ihrer Sicht selber schuld sind, wenn sie nicht rechtzeitig bei den Ideen der neuen Elite mitgemacht haben.

Eigenschaft zehn. *Die digitale Elite ist in ihrer Weltsicht beschränkt.* Dies ist sie nicht nur durch ihre Jugend, sondern auch aufgrund ihrer Lebensmittelpunkte. Ihre Vertreter sitzen in San Francisco, Hongkong oder Berlin und ziehen aus ihren dortigen Beobachtungen ihre Schlüsse, die sie in Geschäftsmodellen mit globalen Auswirkungen umsetzen. Doch San Francisco ist nur San Francisco und nicht die Welt. Gleiches gilt für Hongkong, Berlin und alle anderen Städte.

Trotz dieser Beschränkung hinterfragt sich die digitale Elite selbst kaum. So fundamental sie bei der Beantwortung grundsätzlicher Menschheitsfragen und ihrem Trachten nach einer Verbesserung der Welt alles Bestehende hinterfragt, so wenig tut sie das bei sich selbst. Warum sollte sie auch? Sie hat keine Zeit dazu und sie scheint alles richtig zu machen. Die wahre Macht liegt schon jetzt bei ihr, und sie wird es in Zukunft noch mehr tun.

DIE HILFLOSE POLITIK

Auch Unternehmen wie Uber wissen, dass die wahre Macht in ihrem Geschäftsfeld bei ihnen liegt, und dass dies in Zukunft noch mehr so sein wird. Deshalb lassen sich die Uber-Chefs nicht irritieren, wenn weltweite klassische Taxiunternehmer sowie deren Verbände und Lobbyisten gegen das Unternehmen vorgehen.

In Deutschland, Italien und Südkorea haben die Uber-Gegner bereits Verbote erwirkt. Doch das Unternehmen umgeht die Regulierungen, die klassische Taxiunternehmer schützen sollen, wo es kann oder ignoriert sie. Die Nachfrage nach dem Service ist so groß, dass sich die Plattform Anwälte und Strafzahlungen leisten kann.

Amazon ist in politischen Fragen ebenfalls nicht zimperlich. Als Angestellte im Dezember 2014 Streik androhten, und zwar bewusst zur umsatzstarken Vorweihnachtszeit, verweigerte der Konzern jeglichen Dialog. »Wenn es notwendig ist, schließen wir die Niederlassung und siedeln nach Polen über«, erklärte das Management in einer knappen Stellungnahme und kümmerte sich schon im nächsten Satz wieder um die Kundschaft. »Die Geschenke werden trotzdem pünktlich unter den Christbäumen liegen.«

Sogar die scheinbar unbegrenzte Macht des FBI wurde durch die digitale Wirtschaft bereits relativiert. Nach dem Terroranschlag im kalifornischen San Bernardino im Dezember 2015, bei dem die Attentäter Syed Farook und Tashfeen Malik im Inland Regional Center 14 Menschen töteten und 21 weitere verletzten, forderte das FBI Apple zur Entsperrung eines bei den Ermittlungen wichtigen Handys auf. Kein Unternehmen der Welt hatte es je gewagt, dem FBI in so einer Angelegenheit zu trotzen, doch Apple tat es. Der Konzern weigerte sich, die gewünschten Daten zu liefern. Nach wochenlangen Diskussionen kam das FBI schließlich mithilfe eines israelischen Sicherheitsunternehmens an die Handydaten.

Aus drei Gründen wird sich das Kräfteverhältnis zwischen den digitalen Eliten und der Politik in Zukunft immer stärker zugunsten der digitalen Eliten verschieben.

Grund eins. *Politische Apparate ziehen Bürokraten an, keine Innovatoren.* Händeringend suchen zwar die Behörden, vor allem die Sicherheitsbehörden, qualifizierte Mitarbeiter. Die amerikanischen Sicherheitsbehörden, die früher bei der Auswahl ihrer Mitarbeiter besonders streng waren, gehen inzwischen

sogar so weit, jungen digitalen Profis freie Arbeitszeiten zu-
zugestehen und den Konsum von Gras zu tolerieren.

Doch sie haben einen entscheidenden Nachteil. Denn die
guten Leute dieses Faches können sich die Jobs aussuchen
und die Privatwirtschaft zahlt besser.

Grund zwei. *Die politische Diskussion ignoriert das Problem.* Die
Menschen erkennen instinktiv, dass etwas kommt, und sie
haben Angst, doch die politischen Apparate sind apathisch
und wollen ein System bewahren, das nicht mehr aufrecht-
zuerhalten ist. Während die digitalen Eliten seit Jahren mit
enormen Ressourcen an Geld und Wissen daran arbeiten, die
Welt, wie wir sie kennen, aus den Angeln zu heben, hat die
Politik noch nicht einmal richtig mitbekommen, was gerade
passiert. Deshalb versäumt sie es, sich und die Gesellschaft
auf das Kommende vorzubereiten. Angesichts der weitreichenden Veränderungen der Wirtschaft und aller Bereiche
des Lebens, die mit der digitalen Revolution einhergehen,
müsste sie eigentlich das politische Hauptthema sein. Die
digitale Revolution sollte es sein, die die politische Diskussion stärker prägt als selbst die Flüchtlingsthematik oder
die Terrorbekämpfung. Doch niemand spricht darüber, weil
mangels Bewusstsein dafür noch die Betroffenheit fehlt, und
Politiker daher kein Motiv haben, das Thema aufzugreifen.

Statt über den unmittelbar bevorstehenden Wandel aller
ökonomischen und gesellschaftlichen Rahmenbedingungen zu reden, den es in diesem Ausmaß in der Geschichte
der Menschheit noch nie gegeben hat, diskutieren Politiker

deshalb über Steuerreförmchen, die nichts ändern, sondern nur ein paar hundert Millionen Euro von da nach dort verschieben. Statt darüber nachzudenken, wie sie Menschen kompetent für die digitale Wirtschaft machen können, diskutieren sie über Pisa-Studien und Gesamtschulkonzepte. Statt den Umgang mit der kommenden Massenarbeitslosigkeit zu planen, befassen sie sich mit der Haftung von Arbeitgebern für die psychische Gesundheit von Arbeitnehmern und Antidiskriminierungsregeln.

Wo immer ich hinsehe, regiert in Sachen digitale Revolution die Ignoranz. Bei den Gewerkschaftern habe ich manchmal das Gefühl, dass sie geradezu an Wahnvorstellungen leiden, wenn zum Beispiel die Lokführer streiken wollen, während die digitale Revolution ihre Jobs in wenigen Jahren ohnehin abschaffen wird.

> *Würden die Gewerkschaften verstehen, was gerade passiert, würden sie, wenn nötig mit Streiks, für Umschulungen im großen Stil kämpfen, die notwendigen Einrichtungen und Mittel dafür fordern und ihre Mitglieder dazu ermuntern.*

Selbst junge Menschen ignorieren das Thema, um das sich eigentlich alle ihre politischen Überlegungen drehen müssten, weil es ihre Zukunft stärker als jedes andere prägen wird. Mir fällt das jedes Mal auf, wenn ich mit Studenten über ihre politischen Ideen diskutiere. Ich habe bei vielen von ihnen ebenfalls das Gefühl, dass sie an Wahnvorstellungen leiden:

Die Gleichberechtigung von Frauen und Männern, von Schwulen, Lesben und Heterosexuellen, von Christen und Muslimen, Inländern und Ausländern bis hin zum letzten Detail des Sprachgebrauches scheint ihnen wichtiger zu sein als ihr eigenes wirtschaftliches Überleben.

Grund drei. *Die politischen Apparate schwächen sich durch falsche Maßnahmen selbst.* Um dem Frust in der Bevölkerung etwas entgegenhalten zu können, tritt die Politik wie im Fall Uber mit Regulierungen gegen das Unaufhaltsame an oder lässt sich, während die digitale Elite mit intelligenten Strategien klare Ziele verfolgt, planlos von populistischen Reflexen leiten. Als nur eine Folge davon betreibt ein Teil der politischen Repräsentanten den Austritt ihrer Länder aus Bünden wie der Europäischen Union. Die dadurch instabilere Lage wird in Kombination mit Terrorbedrohung und Flüchtlingsströmen die Politik gegenüber den digitalen Eliten weiter schwächen.

Wie hilflos die Politiker der digitalen Elite vor allem in Europa gegenüberstehen, zeigte sich bei einem Treffen zwischen dem digitalen Tycoon Sebastian Thrun und dem deutschen Bundespräsidenten Joachim Gauck. Thrun, ehemals Professor für künstliche Intelligenz an der University of Stanford, ist Vizepräsident von Google und weltweit führender Wissenschaftler in den Bereichen künstliche Intelligenz und Robotik. Die amerikanische Zeitschrift *Foreign Policy* setzte Thrun 2012 auf ihre Liste der hundert global wichtigsten Denker. »Ich möchte, dass sich mein Gedächtnis automatisieren lässt«, sagte er zu Gauck. »Dass also alles, was ich sehe, sage und denke, von meinem Computer aufgezeichnet wird. Wenn ich später jemanden wiedertreffe, kann ich das Gesicht sofort zuordnen und weiß, worüber wir gesprochen haben. Es wäre eine schöne Sache, wenn ich mein ganzes Leben digital abrufen könnte.«

Gaucks Antwort auf diese bei der digitalen Elite beliebte Vision einer Schnittstelle zwischen dem menschlichen Gehirn und dem Computer, war ebenfalls bemerkenswert, wenn auch viel kürzer. »Herr Thrun«, bemerkte Gauck, »Sie machen mir Angst.«

Während Donald Trump vor seinem Amtsantritt in den Trump Tower nicht etwa die mächtigsten Öl- oder Bankenbosse einlud, sondern die Chefs der mächtigsten digitalen Firmen, hat Gauck also Angst vor der digitalen Elite und ihren Visionen, und er ist mit seiner daraus folgenden falschen Positionierung in Europa nicht allein. Die deutsche Kanzlerin Angela Merkel bezeichnete die laufende Digitalisierung aller Bereiche einmal als »schwierige Sache« und der deutsche SPD-Politiker Sigmar Gabriel hat in seiner Funktion als deutscher Wirtschaftsminister schon mehrfach gezeigt, wie er über die Digitalisierung denkt: Er hält sie für böse.

Wozu das führt, ist klar. Wenn die Politik die entscheidenden Fragen, die sich jetzt stellen, gar nicht versteht, geschweige denn beantworten kann, wird die digitale Elite tun, was sie für richtig hält. Was umso bedenklicher ist, als diese Fragen einen maßgeblichen Einfluss nicht nur auf jeden unserer Lebensbereiche haben werden, sondern auch auf die Richtung, in die sich die Menschheit insgesamt bewegt. Hier einige dieser Fragen:

Welchen Einfluss haben die digitalen und sozialen
Medien auf unsere politischen Prozesse und auf
die Meinungsbildung generell? Sollen wir sie be-
schränken oder nicht? Wir haben Facebook zuerst
im arabischen Frühling als Held der Freiheit
gefeiert und Diktaturen haben die Plattform aus
Angst, sie könnte ihre Machenschaften an die
Weltöffentlichkeit bringen, verboten. Andererseits
muss Facebook jetzt Klagen wegen der Verbreitung
der Botschaften Rechtsradikaler abwehren.
Brauchen wir also eine Zensur wie eine Diktatur?

Wer soll wie auf die Tatsache reagieren, dass sich
in den sozialen Medien radikale Botschaften viel
schneller verbreiten, was zwangsläufig zu einer
Radikalisierung der Politik führen wird?

Wie verändert sich die Meinungsbildung, wenn
YouTube- oder Facebook-Stars, die banalen
Blödsinn wie »schaffen wir die Schule ab und
gehen wir um drei Uhr saufen« von sich geben
und sich in keiner Weise journalistischen Standards
wie Objektivität und Wahrheit verpflichtet fühlen,
größere Reichweiten erzielen als die beliebtesten
Fernsehkanäle?

Wem gehören welche Daten?

*Wer ist schuld, wenn ein selbstfahrendes Auto
einen Unfall baut?*

*Was passiert, wenn Daten über ein Individuum, die
sein Privatleben, seine Familie, seine Gesundheit
oder irgendwann einmal sogar sein Erbgut betreffen,
öffentlich werden?*

*Wer soll wie auf die Entwicklung reagieren, dass
Computer die Erkrankung eines Menschen vorhersagen
könnten und dieser Mensch dann vielleicht keine
Krankenversicherung mehr abschließen kann?*

*Wer kann Menschen wie beibringen, mit viel mehr
Freizeit vernünftig umzugehen?*

*Wie lassen sich Menschen zu Umschulungen moti-
vieren und wer soll diese Umschulungen
administrativ wie durchführen?*

*Wie gehen wir mit der Globalisierung des
Arbeitsmarktes um?*

*Wer soll wie darauf reagieren, dass die Hemmschwelle
für Verbrechen und Terroranschläge sinkt, weil die Täter
sie von ihren Schreibtischen aus am Computer begehen
können und mit dem von ihnen verursachten Schaden
und dem Leid nicht mehr konfrontiert werden?*

Die Fragen werden immer komplexer. Was gut und was böse ist, wird sich eine Zeit lang nicht bestimmen lassen, weil wir auch unsere Maßstäbe erst neu definieren müssen. Es wird ein gutes Böse und ein böses Gute geben, genauso wie es irrationale Rationalisten gibt.

Wenn die Politik die Bevölkerung mit diesen Fragen alleinlässt, reicht irgendwann ein Funke, um Revolutionen und bürgerkriegsähnliche Zustände auszulösen, wobei der Gegner vielleicht nicht klar auszumachen sein wird. Er kann ein digitales Netzwerk sein, womöglich eines, das alle ständig nutzen, und der Konflikt wird sich vielleicht weltweit ausbreiten. Ein Dritter Weltkrieg ist das dann trotzdem nicht, sondern eher eine Vielzahl undefinierbarer digitaler Multikonflikte.

Deshalb muss die Politik Leitfiguren hervorbringen, die den Weg weisen, die eine positive Vision für die Nutzung der digitalen Welt haben, die wissen, wie sie die richtigen Fragen stellen, die richtigen Antworten finden und die Bevölkerung auf die Veränderungen vorbereiten.

Als erstes müssen die Politiker dafür einsehen, dass die Zeit des Bewahrens vorbei und die Zeit der Veränderung angebrochen ist.

Als Nächstes müssen sie die Staaten durch Deregulierungen, Liberalisierungen, Anpassung der Arbeitszeitgesetzte an das 21. Jahrhundert, Entbürokratisierungen, Steuersenkungen und eine gänzliche Neuausrichtung der Bildungssysteme auf diese Veränderungen vorbereiten. Zudem muss die Politik vier Sofortmaßnahmen ergreifen.

Sofortmaßnahme eins. *Die Anpassung und Anwendung der Gesetze gegen die Bildung von Monopolen.* Es gibt in so gut wie jedem Land Gesetze gegen die Entstehung von Monopolen. Warum wendet sie niemand an? Die digitalen Giganten selbst wehren sich natürlich dagegen, alles andere wäre auch überraschend. Google wird kaum von sich aus sagen, »unsere Macht ist gefährlich groß geworden. Zerschlagt uns bitte in kleinere Teile, und zwar, solange ihr es noch könnt«.

Einige Vordenker der digitalen Revolution glauben, dass Monopole dem Fortschritt sogar dienen. Wenn totaler Wettbewerb herrscht, meint etwa der Internetinvestor Peter Thiel, blieben den Unternehmen keine Mittel für Forschung und Innovation mehr.

Eine Theorie, die selbst aus unternehmerischer Sicht nur bei oberflächlicher Betrachtung einleuchtet: Wenn Monopolisten hohe Preise verlangen können und viel verdienen, ohne sich anstrengen zu müssen, wird das den Fortschritt eher verlangsamen.

Der Bevölkerung schaden Monopole in jedem Fall, denn diese haben die Tendenz, mittelfristig alle ihre Kunden und Angestellten auszuquetschen.

Wie digitale Monopolisten das tun, zeigt ebenfalls das Beispiel Uber. Die Plattform verlangte anfangs von ihren Fahrern drei Prozent des Umsatzes jeder Fahrt, später waren es zehn und schließlich bis zu 25 Prozent. Schon diese 25 Prozent sind für viele Fahrer, die zum Teil ihre alten Jobs für die vermeintliche neue Freiheit bei Uber aufgegeben haben, nicht mehr rentabel. Sie müssten Tag und Nacht arbeiten, um ihre Mieten, das Essen, Kindergärten und Schulen noch bezahlen zu können, klagen jetzt viele.

Uber maximiert derweilen in aller Ruhe seine Einnahmen weiter. Denn wenn die Fahrer leiden, ist das dem Monopolisten ziemlich egal. Sein Plan besteht ohnedies darin, die Autos mit Fahrern, sobald wie technisch möglich, durch selbstfahrende zu ersetzen.

Wenn Uber eines Tages alle Konkurrenten, also alle alten Taxiunternehmer, vom Markt verdrängt hat, können die Uber-Chefs auch noch die Preise für die Kunden hemmungslos erhöhen. Bei starker Nachfrage, etwa in Frankfurt während der Buchmesse, könnten sie die Preise dann vervierfachen oder verzwanzigfachen. Niemand wird sie daran hindern. Das passiert auch schon. Zu Zeiten eines gut besuchten Kongresses in Wien kostet eine Fahrt mit Uber aus der Stadt zum Flughafen 60 statt 30 Euro.

Wie schwer die Zerschlagung von Monopolen schon jetzt ist, fand der deutsche SPD-Politiker Sigmar Gabriel heraus, als er wissen wollte, ob sich mit staatlichen Maßnahmen etwas gegen die Marktbeherrschung von Google machen ließe. Er veranlasste deswegen eine entsprechende Prüfung durch das Bundeskartellamt. Die Experten kamen in ihrem Gutachten zu dem Schluss, dass Google zwar eine Art Monopolstellung habe, diese aber den Verbrauchern nütze.

Bei Uber schlug Deutschland einen anderen Weg ein, indem es den Dienst in vielen Städten einfach verbot. Eine Herangehensweise, die langfristig nichts bringt, nicht nur, weil sich Uber vielfach über Verbote hinwegsetzt. Geschäftsmodelle, von denen viele Menschen profitieren, haben sich noch nie durch staatliche Verbote beseitigen lassen. Der Fortschritt bahnt sich, wie gesagt, immer seinen Weg.

Sofortmaßnahme zwei. *Abfangen der kommenden Massenarbeitslosigkeit.* Die politischen Apparate verdrängen das Problem der zukünftigen weitverbreiteten Arbeitslosigkeit und hoffen darauf, dass diese erst ihre Nachfolger betreffen wird. Diese können sich dann auf in der Vergangenheit gemachte Fehler berufen. Besser wäre es, wenn unsere Politiker schon jetzt die richtigen Fragen stellten.

> *Wie lassen sich Menschen unterschiedlicher Sozial-und Bildungsniveaus und unterschiedlichen Alters so ausbilden oder umschulen, dass sie auch in Zukunft eine Lebensaufgabe haben und in der digitalen Wirtschaft als Akteure auftreten können und nicht bloß als Zuschauer?*

> *Welche steuerlichen oder anderen Erleichterungen locken digitale Firmen an, die Arbeitsplätze schaffen, und wie lassen sich das Arbeitsrecht und die Bürokratie entrümpeln, um für sie ein interessanter Standort zu sein?*

Sofortmaßnahme drei. *Einrichten von Thinktanks der Digitalisierung.* Um die komplexen Herausforderungen der digitalen Revolution zu lösen, benötigt die Politik ein intellektuelles

Gegengewicht zur digitalen Elite. Ohne geniale Köpfe, die unter Verzicht auf politische Korrektheit etablierte politische Strukturen genauso hemmungslos hinterfragen, wie die genialen Köpfe auf der anderen Seite alle Gegebenheiten in Frage stellen, wird es nicht gehen. Ohne solche Thinktanks werden die Politiker nicht nur deshalb arbeitslos, weil sie keiner mehr wählt, sondern auch deshalb, weil es eine Welt, die zu regieren sie in der Lage wären, einfach nicht mehr geben wird.

Sofortmaßnahme vier. *Einsetzen einer Ethikkommission.* Sie sollte Empfehlungen abgeben, wie sich die Elemente der digitalen Revolution für die Menschen nützlich machen lassen und wie Fehlentwicklungen verhindert werden können.

Wenn die politischen Apparate diese Sofortmaßnahmen nicht treffen, werden zwei andere Kräfte das Vakuum füllen, das dabei entsteht.

Kraft eins. *Die Populisten.* Die populistischen Parteien des rechten und des linken Randes haben ihre Feindbilder bereits definiert.

Die Wirtschaft ist böse, sagen sie, und die Konzerne. Überhaupt sind ihrer Meinung nach alle Unternehmen und die Kapitalisten, die Vermieter und die Manager und natürlich die Muslime und die Ausländer insgesamt böse. Für die gesellschaftlichen Verwerfungen, die mit der digitalen Revolution einhergehen werden, werden die Populisten genau diese Gruppen verantwortlich machen. Die Politik spielt ihnen mit ihrer Strategie der Verdrängung in die Hände. Denn mit steigendem sozialem Druck wächst der Zulauf der Populisten.

Kraft zwei. *Die digitale Elite.* Die andere Antwort gibt, wie bereits beschrieben, die digitale Elite selbst. Sie wird das Heil durch technischen Fortschritt propagieren. Sie wird nicht nur sagen, dass Monopole etwas Gutes im Sinne des Wohles aller Menschen sind. Sie wird zudem argumentieren, dass sie es ist, die alle großen Probleme der Menschheit lösen kann, von Verkehrsstaus und den damit verbundenen Abgas- und Lärmbelastungen bis hin zur Sterblichkeit der Menschen. »Wir tun Gutes und erheben die Menschheit in ein neues Zeitalter«, wird sie erklären, »dafür wollen wir in diesem neuen Zeitalter auch mitbestimmen«. Sie wird in der Regel nicht das große, soziale Ganze im Auge haben, sondern alles und jeden ihren eigenen Zielen beziehungsweise der Gewinnmaximierung für ihre Konzerne und Aktionäre unterzuordnen versuchen.

Das Aufeinanderprallen dieser beiden Kräfte wird heftig sein. Totaler Populismus trifft auf absolute wirtschaftliche Macht. Auf der einen Seite stehen dann Politiker, die sich den Zorn von weltweit Milliarden Fortschrittsverlierern zunutze machen werden, von Verlierern, deren radikalste Vertreter sich selbst in die Luft sprengen werden, um die Rückkehr in vormoderne Zeiten zu erzwingen. Auf der anderen Seite werden sich Konzerne mit unvorstellbar hohen Vermögen befinden, denn allein die Bargeldbestände von Google, Apple, Facebook und anderen digitalen Giganten machen schon jetzt mehrere Hundert Milliarden Dollar aus. Das sind Budgets, mit denen sich notfalls sogar Kriege führen ließen.

Niemand behauptet, dass es die politischen Vertreter beim Umgang mit der digitalen Revolution leicht haben. Sie bringt Herausforderungen mit sich, die es so in der Geschichte der Menschheit noch nicht gegeben hat. Politiker stoßen daher mit ihrem vertrauten Handwerkszeug rasch an ihre Grenzen, wie es Sigmar Gabriel bei der Prüfung einer Monopolstellung von Google erlebt hat. Irrtümer, Fehler und Verzögerungen seien ihnen deshalb zugestanden. Doch wenn ich beobachte, was die meisten politischen Apparate der westlichen Welt in Sachen digitale Revolution derzeit tun, müsste ich zu jedem ihrer Vertreter gehen und zu ihm sagen, was Gauck zu Sebastian Thrun gesagt hat.

Ich habe Angst vor Ihnen.

DER BESTE AUSWEG

Ein erfolgreicher Zahnarzt aus Mannheim wurde durch einen meiner Vorträge über die Herausforderungen der digitalen Revolution auf mich aufmerksam. Er lud mich in seine Praxis ein, wo ich ihm, seinen Mitarbeitern und anderen Zahnärzten erklären sollte, was auf ihren Fachbereich zukommen würde.

Obwohl ich angeboten hatte, von Frankfurt aus mit dem Zug anzureisen, holte er mich in seinem Range Rover vom Flughafen ab. Sein Fahrer benötigte zur Stoßzeit 90 Minuten nach Mannheim, während ich mit dem Zug in 40 Minuten dort gewesen wäre, aber das war in Ordnung.

Unterwegs versicherte er mir sein Interesse an dem Thema. »Ich kann mir nicht vorstellen, welche Auswirkungen die Digitalisierung auf meine Branche haben könnte, weil am Ende immer Zahnärzte an einem Zahn arbeiten werden und nicht Computer«, sagte er. »Doch wir haben bisher konsequent auf Neues reagiert und waren deshalb erfolgreich.«

In meinem Vortrag gab ich ihm recht. Es werden auch in Zukunft nicht Maschinen sein, die unsere Zähne behandeln, sondern stets Menschen, die dabei ein gewisses Risiko eingehen, dass ihnen Patienten Finger abbeißen. Doch dann beschrieb ich meinem Publikum das gleiche Phänomen, das auch Installateure und alle anderen Handwerker betrifft: Die mit dem besten digitalen Auftritt werden gewinnen.

Ich erklärte das anhand des Bedeutungswandels, den weiße und gerade Zähne in den vergangenen Jahren erlebt haben, ausgehend von Hollywood, wo sich die Schauspieler seit langem mit dem perfekten Perlglanz in ihren Mündern überbieten.

Ein Zahnarzt, der mit einem spannenden digitalen Auftritt Kunden mit dem Versprechen solch perfekter Zähne anlockt, schafft Nachfrage. Er macht mehr Umsatz. Er wird Teil eines regionalen Zahnärzte-Oligopols. Wenn er sich zudem mit neuen zahnmedizinischen Konzepten oder einer innovativen Patientenbetreuung hervortun kann, zieht er vielleicht außerdem Patienten aus dem ganzen Land oder sogar aus ganz Europa an.

Alle anderen, die keinen digitalen Auftritt haben oder nur einen klassischen und langweiligen, werden sehen müssen, wo sie bleiben.

»Vielen Dank«, sagte der Zahnarzt beim Abschied zu mir. »Ich denke, ich weiß jetzt, was ich zu tun habe.« Er erzählte mir, dass er während meines Vortrages bereits eine Mitarbeiterin per Mail vom Handy aus beauftragt hatte, ein Team für die Entwicklung eines neuen, digitalen Auftrittes zusammenzustellen.

Dieser Zahnarzt, der bisher der oberen Mittelschicht angehört hat, wird, wenn er alles richtig macht, und davon gehe ich bei seinem Engagement und seiner Professionalität aus, seinen Lebensstandard in Zukunft nicht nur halten können. Er wird aufsteigen und in der kommenden Gesellschaftsordnung zu den Wenigen gehören, die viel haben. Die anderen Zahnärzte werden von bankrotten staatlichen Krankenkassen abhängig sein.

Ich begegne jeden Tag Menschen, die aufsteigen werden. So kontaktierte mich einmal ein Pizzabäcker, der lange ein beliebtes Restaurant in der Nähe von Bozen in Südtirol betrieben hatte. Irgendwann hatte er genug von der klassischen Gastronomie gehabt. Er hatte das Restaurant verkauft. Damals bat er mich via Facebook um Rat. »Wie soll ich das Geld anlegen?«, fragte er.

Ich überlegte nicht lange. Der Mann hatte 30 Jahre lang Pizzen zubereitet. Er wusste genau, welche Tomaten er wie behandeln musste, welches Öl das geschmackvollste war und wie er den besten Teig herstellte. »Investiere zumindest einen Teil des Geldes und vor allem deine Zeit in deine digitale Identität«, sagte ich zu ihm. »Du bist Italiener. Du kommst aus dem Land der Pizza. Erzähl den Menschen, wo du deine Zutaten herbekommst, wie du die Zulieferer aussuchst und in welchem Ofen du deine Pizzen zubereitest. Sobald dir genug Gourmets folgen, entwirf dein eigenes Produkt und verkaufe es. Du kannst dann zum Beispiel die Zutaten zusammen mit deinen Rezepten verschicken, und wenn du irgendwann doch wieder einen Pizzaladen öffnest, werden sich die Gäste anstellen, um bei dir

30 Euro für eine Pizza zu bezahlen, während sie anderswo nur fünf kostet. Den Unterschied wird deine Marke ausmachen, so wie bei den 100-Euro-Steaks und den 50-Euro-Burgern.

Wir blieben danach in Kontakt. Derzeit ist er dabei, ein Konzept zu entwickeln. Wenn er es mit Fleiß und Kreativität umsetzt, wird er damit mehr Geld einnehmen, als er jemals mit seiner Pizzeria verdient hat.

Eine funktionierende digitale Identität stellt ebenso einen Vermögenswert dar wie Immobilien, Gold oder Aktien. Sie hat dabei den Vorteil, dass sie weniger anfällig für staatliche Besteuerungsraubzüge als andere Vermögenswerte ist.

Ich begegne außerdem jeden Tag Menschen, die bereits zu den Gewinnern gehören. Beispielsweise Mark, den ich in einem Club in Berlin kennengelernt habe. Mark war zu diesem Zeitpunkt Ende 20. Er war eben erst aus Bali heimgekehrt und plante schon eine nächste Reise nach Namibia. Der Mann führte offenbar ein gutes Leben, deshalb wollte ich wissen, in welchen Geschäftsfeldern er tätig ist. »Ich bin Pianist«, antwortete er.

Pianist? Ich dachte, dass er dann wohl ein Starpianist sein musste, einer von der Art, deren Namen ich selbst als Laie in Sachen klassischer Musik kennen sollte. Doch er winkte ab. »Ich biete digitale Klavierkurse an«, erklärte er.

Mark hatte seine erste Klavierstunde in einer elf Quadratmeter großen Wohnung mit einer billigen Kamera aufgenommen. Inzwischen setzt er mit seinen Kursen 1,5 Millionen Euro im Jahr um. Seine Kunden schließen monatliche oder jährliche Mitgliedschaften bei ihm ab, und auch für ihn gilt: Je mehr Mitglieder er hat, desto mehr verdient er, doch sein Aufwand bleibt ungefähr gleich. Er hat jetzt nicht nur genug Geld, sondern außerdem genug Zeit, um die schönen Orte der Welt zu bereisen.

Wenn ich mir manchmal ansehe, wie die Geschäfte entstehen, die ich selbst jetzt mache, frage ich mich immer, was passiert wäre, wenn mir damals, beim Business-Mastery-Seminar von Anthony Robbins in Palm Beach, nicht klargeworden wäre, dass ich etwas ändern muss. Meine Kontakte aus der digitalen Welt und der Stil dieser Welt prägen mein Berufsleben inzwischen viel stärker als die klassische Wirtschaft.

So kontaktierte mich vor kurzem ein junger Mann, der sich selbst als Lebenskünstler bezeichnete. »Ich will reich werden«, schrieb er mir auf Facebook. Er hatte mein Buch zu diesem Thema gelesen. Einige Wochen später schickte er mir erneut eine Nachricht. »Komm nach Frankfurt, ich habe etwas Interessantes für dich.«

Wegen meiner dort befindlichen Wohnungen und Häuser habe ich regelmäßig in Frankfurt zu tun, weshalb sich bald eine Gelegenheit für ein Treffen ergab. Dieser junge Mann vermittelte mir einen mittelständischen Unternehmer mit 140 Millionen Euro Jahresumsatz, der mich nach einigen Gesprächen mit der Beratung bei der Beschaffung von Eigenkapital für anstehende Investitionen beauftragte. Ein lukrativer Auftrag, der ohne meine digitale Präsenz nie zustande gekommen wäre.

Ein anderes Mal schrieb mir ein 18 Jahre alter Schüler via Facebook. »Wie werde ich reich?«, fragte er mich.

Auch ihn traf ich in Frankfurt, bei einem Italiener am Oederweg. Er war etwas nervös und rauchte eine Zigarette nach der anderen, dazu trank er jede Menge Red Bull. »Woher kommst du?«, fragte ich ihn.

Er war aus Stuttgart. Da ich mich für Immobilienkäufe dort interessierte und mich mit einer Stadt und ihren Zukunftsaussichten befasse, ehe ich investiere, schlug ich ihm einen Deal vor. »Du zeigst mir Stuttgart und ich erkläre dir, wie du reich wirst«, sagte ich.

Wir fuhren also in dem alten Mercedes 190D seiner Mutter herum, während er mir die einzelnen Stadtteile zeigte. Er wusste, welche Viertel angesagt sind, wo sich Kriminelle herumtreiben, wo Drogen gehandelt werden, wo die neue Bahntrasse unterirdisch verlaufen wird und welche Orte gute öffentliche Anbindung haben. Ich kaufte später für mich mehr als 20 Wohnungen auf Basis dieser Auskünfte.

An Abend des Tages, an dem er mir die Stadt zeigte, gingen wir noch aus. Er führte mich in einen Club namens Röhre, in dem er mir einige seiner Freunde vorstellte. Einer dieser Freunde kannte einen Immobilienmakler. Gemeinsam mit diesem Makler strukturierte ich kurz darauf einen Immobiliendeal in Stuttgart, der 15.000 Quadratmeter in guter Lage betraf. Das war ebenfalls ein lukratives Geschäft, das ich ohne meine digitale Präsenz nicht gemacht hätte.

Rund 90 Prozent meines Umsatzes entstehen bereits auf digitalen Wegen, ebenso wie fast alle meine Kontakte. Sowohl die privaten als auch die beruflichen. Bei der Suche nach Personal zum Beispiel hörte ich früher auf Empfehlungen. Heute finde ich es auf Facebook.

Es gibt eine einfache Möglichkeit, trotz der Umbrüche, die mit der digitalen Revolution einhergehen, trotz der Monopolisierung und Oligopolisierung, trotz des Wegbrechens von Millionen Arbeitsplätzen, trotz des Absturzes von Konzernen und ganzen Regionen und trotz des Versagens der Politik zu den Gewinnern des Kommenden zu gehören. Sie lautet:

Baue deine eigene digitale Marke und dein eigenes digitales Geschäft auf.

Mir ist das gelungen. Das Kommende wird auch auf mich Rückwirkungen haben. Die Marktgegebenheiten werden sich verändern. Vielleicht werde ich Wien verlassen und nach Berlin oder Cambridge umziehen müssen. Doch ich kann mit dem angenehmen Gefühl in die Zukunft blicken, gut auf sie vorbereitet zu sein.

Ich habe eine digitale Identität und ein digitales Unternehmen. Beides wird mich zum Nutznießer der digitalen Revolution machen.

Jeder kann es so machen wie ich. Ein Steuerberater kann einen Blog zum Thema Steuern schreiben, Videos mit Schnellkursen zu bestimmten Themen aufnehmen und sie bei YouTube hochladen. Ist er kompetent, werden ihn potentielle Kunden bald als Experten ansehen und ihn gegenüber seinen Konkurrenten bevorzugen.

Ein Lateinlehrer kann informative und unterhaltsame Inhalte zum Thema Latein gestalten und auf Facebook posten. Wenn er es gut macht, werden Schüler aus seiner ganzen Region Nachhilfe bei ihm nehmen wollen. Beide werden gut auf die digitale Revolution vorbereitet sein.

Es ist nicht ganz so einfach, wie es vielleicht gerade geklungen hat, und es braucht etwas Zeit. Als ich verstanden hatte, worum es bei der Digitalisierung der Wirtschaft geht, musste ich mich selbst disziplinieren, um mir trotz aller anderen Belastungen diese Welt zu erschließen. Ich musste mich mit der Materie auseinandersetzen, mich einlesen, mich im Internet informieren, Experten treffen und viele leere Kilometer in Kauf nehmen. Den Weg vom digitalen Nichtwisser zum Internetunternehmer als arbeitsreich zu beschreiben, wäre noch untertrieben.

Trotzdem kann ich jedem nur empfehlen, statt sich vor der Zukunft zu fürchten, die Wirklichkeit zu verdrängen und sich die eigene Perspektive mit Gewalt schönzureden, es so zu machen wie ich.

Hier sind die fünf wichtigsten Punkte, die es dabei zu beachten gilt:

Punkt eins. *Aufwachen.* Das ist der entscheidende Schritt. Ich wachte bei jenem Seminar in Florida auf, bei dem mir klar wurde, dass ich mich entweder professionell mit der digitalen Welt befassen muss oder auf der Strecke bleiben würde.

Wer das noch nicht eingesehen hat, sollte es rasch tun und notfalls einen guten Psychotherapeuten konsultieren, der ihn von seinen Verdrängungsmechanismen befreit. Er sollte begreifen, dass er in einer untergehenden Welt lebt, und dass es eine neue Welt gibt, die mehr Spaß macht und mehr Möglichkeiten bietet, wenn er sich ordentlich anstrengt.

Punkt zwei. *Selbsterkenntnis.* Obwohl ich lange davon geträumt hatte, meine eigene Universität zu gründen, dauerte es eine Weile, bis mir klar wurde, dass die digitale Welt meine Chance dafür war. Wer mit seiner Digitalisierung beginnt, sollte sich deshalb fünf Fragen stellen:

Wer bin ich wirklich?

Was will ich wirklich?

Worin bin ich ein Experte?

Wofür stehe ich?

Wofür brenne ich?

Denn in allem, was wir nicht wirklich wollen und was wir nicht wirklich sind, produzieren wir nur Bullshit, für den in der digitalen Welt noch weniger Platz als in der alten Welt ist.

Es geht um eine gute Mischung aus Vision und Pragmatismus. Denn zwei Typen von Menschen, die mir in der digitalen Wirtschaft immer wieder begegnen, werden dort scheitern: Absolventen von Eliteuniversitäten, die früher vielleicht Investmentbanker geworden wären und jetzt in der digitalen Wirtschaft das große Geld machen wollen, darüber hinaus aber keine unternehmerische Vision mitbringen. Und Idealisten mit rosaroter Brille, die den Kapitalismus ablehnen, nur die Welt verbessern wollen und nichts außer einer, meist unausgegorenen, Vision mitbringen.

Die digitale Wirtschaft ermöglicht es, durch neue Technik Großes zu schaffen, doch das erfordert möglichst viel von zwei Dingen: von unternehmerischer Vision und von solider wirtschaftlicher Basis.

Punkt drei. *Dranbleiben.* Nur wer voll hinter seinem Projekt steht, hat eine Chance. Ein bisschen digital reicht nicht. Die digitale Welt erfordert Hartnäckigkeit, die Fähigkeit, sich gegen Widrigkeiten, die garantiert tagtäglich kommen werden, durchzusetzen, seien es schlechte Internetverbindungen oder störrische IT-Leute.

Bei allen Krisen trotzdem dranbleiben, das ist das einzige Rezept, das funktioniert.

Punkt vier. *Einfach machen.* Ich hatte vor drei Jahren keinen Schimmer davon, wie ich ein gutes YouTube-Video produzieren, Instagram benutzen oder Facebook-Werbung schalten könnte. Ich habe mich hingesetzt, damit herumgespielt, mir ein paar Kurse angeschaut, ein paar Leute gefragt und es dann einfach gemacht.

Punkt fünf. *Jetzt gleich anfangen.* Wer mit der digitalen Revolution aufsteigen will, hat umso bessere Chancen, je früher er sich damit professionell befasst. Zumindest im deutschsprachigen Raum sind die meisten Menschen in Sachen digitale Revolution noch ziemlich am Anfang. Wer jetzt zu den Leuten gehört, die damit beginnen, wird sich eine starke Marktposition verschaffen können.

WIRTSCHAFTSTRENDS FÜR DIGITALE AUFSTEIGER

Ein Datenanalyst, ein Experte für virtuelle Realität oder ein Bioingenieur kann am Arbeitsmarkt der Zukunft machen, was er will. Seine Arbeitgeber werden ihm tolle Gehälter zahlen und Sonderregelungen bei der Arbeitszeit, bei der Anzahl der Urlaubstage und bei der Wahl seines Arbeitsplatzes zubilligen, nur damit er kommt und bleibt. Jeder, der eine Ausbildung macht, sollte deshalb eine digitale Komponente integrieren. Klassische Fächer wie Medizin, Rechtswissenschaften oder Psychologie verbunden mit Informatik, bedeuten den sicheren beruflichen Aufstieg. Der Bedarf an solchen Kombinationen wächst jedes Jahr. Von den 25 am besten bezahlten Berufsgruppen gehören schon jetzt mehr als die Hälfte zum digitalen Bereich. Unter den zehn weltweit am meisten verdienenden Berufsgruppen befindet sich nicht mehr der Job des Investmentbankers, dafür der des Data Scientists.

Innerhalb der digitalen Welt entstehen neue Branchen, die künftig dringend Mitarbeiter benötigen und die Unternehmern neue, lukrative Chancen bieten werden. Einige wirken noch exotisch, einige erfordern klassische Qualifikationen wie Mathematik, Informatik, Rechtswissenschaften, Medizin oder Biologie, aber jeder, der bereit ist, ins kalte Wasser zu springen und zu schwimmen, wird dort eine Chance zum Aufstieg vorfinden.

Hier elf wichtige digitale Zukunftstrends:

Trend eins. *Die virtuelle und erweiterte Realität.* In der virtuellen Realität setzen Nutzer eine Brille auf und bewegen sich in einem Raum, der nur virtuell existiert. In der erweiterten Realität können sich Menschen, die geographisch weit voneinander entfernt sind, begegnen, als befänden sie sich im selben Raum.

Der Bereich der erweiterten Realität wird boomen. Dort werden nicht nur Jobs für Programmierer entstehen, sondern unter anderem auch für Marketingspezialisten. Denn die Produktpräsentationen, die in der virtuellen Welt möglich sind, werden jene, die wir heute aus den sozialen Medien kennen, ziemlich alt aussehen lassen. Auf diese Weise könnten Immobilienmakler ihre Kunden durch virtuelle Wohnungen führen und sie bei der Inneneinrichtung beraten, noch bevor das Haus überhaupt gebaut worden ist.

Ebenfalls werden neue Jobs für Produktentwickler entstehen, denn nicht nur die Präsentation der Produkte wird sich gänzlich ändern, auch ihre Art.

Einen Ausblick darauf gibt schon jetzt der Spielemarkt. Wie gut Spiele ankommen, die nicht an einen Computerbildschirm gebunden sind, hat der Hype um Pokémon GO gezeigt. Nach der Veröffentlichung im Juli 2016 liefen fast auf der ganzen Welt ein paar Wochen lang Kinder, Jugendliche und einige Erwachsene mit ihren Smartphones auf Augenhöhe herum und jagten in den Straßen Pokémons, die nur sie auf ihrem digitalen Stadtplan sehen konnten. In wenigen Jahren werden Jugendliche, die ihre ersten sexuellen Erfahrungen in virtuellen Pornos gemacht haben, mit Brillen im Gesicht in den Fußgängerzonen virtuelle Gangster jagen.

Die virtuelle und die erweiterte Realität werden jede Branche verändern. Jeder kann sich jetzt schon damit beschäftigen, wie sie seine eigene umgestalten wird und sich entsprechend weiterbilden. Sobald die Unternehmen den Veränderungsbedarf erkannt haben, wird seine zweite Karriere beginnen und er wird dabei mehr verdienen als je zuvor. Er wird dann derjenige sein, der zum Beispiel für eine Fluglinie einen virtuellen Rundgang durch ein Flugzeug gestaltet, inklusive eines Besuches im Cockpit, der sonst aufgrund von Anti-Terror-Maßnahmen streng verboten ist.

Trend zwei. *Künstliche Intelligenz.* Künstliche Intelligenz, die mit den IBM-Watson-Computerprogrammen bekannt wurde, ist dabei, Geschäftszweige wie Medizin, Recht, Transportwesen oder Finanzen neu aufzustellen. Auf der einen Seite werden in diesen Branchen, wie bereits beschrieben, die Mittelschichtsjobs verlorengehen. Auf der anderen Seite gibt es noch sehr wenige Menschen, die sich mit künstlicher Intelligenz auskennen und die dafür nötigen Computer bauen und programmieren können. Künstliche Intelligenz ist ein multidisziplinäres Fachgebiet, das unter anderem den Einsatz von Informatikern, Biologen, Psychologen oder Ärzten verlangen wird. Alle, die solche Maschinen und Programme entwickeln, steuern und überwachen können, werden gefragt sein.

Trend drei. *Datenanalyse und -handel.* Neue Geschäftsmodelle und Jobs wird auch ein Wirtschaftszweig mit sich bringen, über den viele Menschen heute noch die Nase rümpfen, oder den sie am liebsten überhaupt verbieten würden. Egal, ob das aus heutiger Sicht richtig oder falsch ist, die Analyse und der Handel mit Daten sowie der Bereich der Predictive Data Analytics werden sich zu einem dominierenden Geschäftsfeld entwickeln. Zu einer Branche, in der es um Macht und Geld, aber eben auch um Zukunftschancen gehen wird. Denn Daten werden gleichzeitig das Gold und das Erdöl der Zukunft sein.

Statistiker und Mathematiker werden deshalb in Zukunft nicht mehr die Außenseiter, sondern die Stars sein, doch diese Branche wird auch Mitarbeiter suchen, die wissen, was sich aus welchen Daten schließen lässt, wo welche Daten erhältlich sind, wie viel sie kosten dürfen oder wie die rechtlichen Rahmenbedingungen aussehen. Zu diesen Mitarbeitern werden Mathematiker und Statistiker gehören, aber auch Kaufleute, Psychologen und einfach Menschen, die einen gesunden Menschenverstand mitbringen und sich mit der Handhabung von Daten und den sich aus ihnen ergebenden Möglichkeiten vertraut gemacht haben.

Trend vier. *Software.* Software wird allen unseren Lebensbereichen sowie unserem Wissen, unserem Denken und früher oder später sogar unserem Fühlen zugrunde liegen. Ohne Programmierer wird gar nichts mehr gehen. Schon jetzt ist für digitalen Start-ups der Mangel an guten Programmierern eine der großen Herausforderungen, und demnächst werden für neue Geschäftsideen erfahrene Programmierer schwerer zu finden sein als Geldgeber.

Wer die Chancen, die hier entstehen, nutzen will, muss nicht unbedingt ein Informatikstudium abgeschlossen haben. Hier ist jeder gefragt, der die Berührungsängste mit diesem Metier ablegt, sich in digitalen Kursen selbst Grundlagen beibringt und lernfähig genug ist, um mit den Aufgaben, die er in Mengen vorfinden wird, zu wachsen.

Trend fünf. *Logistik.* Logistik klingt nicht sonderlich sexy, doch es ist wie bei den meisten Dingen: Sie wird umso spannender, je mehr wir über sie wissen. Jedenfalls gehört die Logistik, die zum Beispiel dafür sorgt, dass die Pakete des digitalen Handels ihre Adressaten erreichen, zu den künftig am stärksten wachsenden Branchen. Diejenigen, die sich

darin aus- oder weiterbilden, in öffentlichen Bildungseinrichtungen oder durch eigene Recherche, werden für ihre
Arbeitgeber unverzichtbar sein.

Attraktiv ist das Thema schon aufgrund der dynamischen
technischen Entwicklungen und der im Raum stehenden
Möglichkeiten. Selbstfahrende Autos, Linienbusse, Züge und
U-Bahnen sowie Drohnen für die Paketzustellung zu steuern und die notwendige Infrastruktur bereitzustellen, sind
Tätigkeitsfelder, in denen sich bisher nur wenige Menschen
auskennen, und in denen die Nachfrage groß sein wird.

Trend sechs. *Machine-to-Machine.* Der digitale Informations-
austausch zwischen Endgeräten wie Maschinen, Automaten,
Fahrzeugen oder Containern untereinander oder mit einer
zentralen Leitstelle gewinnt an Bedeutung. Denn durch
künstliche Intelligenz und Robotik werden immer mehr
Maschinen miteinander kommunizieren. Wer sich damit
auskennt, wird gefragt sein.

Trend sieben. *IT-Sicherheit.* Je mehr Bereiche der öffentlichen
Verwaltung über zentrale Server laufen, und je digitaler auch
die Unternehmen werden, desto mehr Möglichkeiten finden
Hacker vor, Geld oder Daten zu stehlen oder böswillig Schaden anzurichten. Umso wichtiger wird IT-Sicherheit werden.
Die meisten Unternehmen handeln in dieser Frage noch naiv,
doch sie werden mit der wachsenden Zahl an Hackerattacken
aufwachen.

Die Hinweise auf russische Cyberattacken im US-Wahlkampf haben einen Vorgeschmack darauf gegeben. Wer sich mit IT-Sicherheit auskennt, braucht auf diese Entwicklung nicht zu warten. Die Nachfrage nach seinen Diensten ist schon jetzt so groß, dass er sich nie wieder Sorgen um sein Auskommen machen muss.

Trend acht. *Geistiges Eigentum.* Je mehr die Daten und die Information zum zentralen Gut der Menschheit werden und je mehr darauf basierende Geschäftsmodelle die Wirtschaft bestimmen, desto mehr tritt die Frage in den Vordergrund, wer welche Idee hatte und wer sie wann, wie und wo nutzen darf. Alles, was in irgendeiner Form digital existiert oder digitalisierbar ist, seien es Nachrichten, Bücher, Musik, Bilder, Designs, Produktinformationen oder Werbeslogans, macht im Internet so schnell die Runde, dass niemand mehr sein geistiges Eigentum unter Kontrolle halten kann. Viele Kreative werden nicht einmal wissen, dass andere mit ihrem geistigen Eigentum Geld verdienen, oder sie werden tatenlos dabei zusehen müssen, weil sie es nicht rechtzeitig über Landesgrenzen hinweg geschützt haben.

Wer sich vor zehn oder zwanzig Jahren mit Urheberrecht und den Fragen des geistigen Eigentums zu befassen begann, konnte noch nicht ahnen, wie gefragt seine Expertise schon im Jahr 2017 sein wird, und was für hervorragende Zukunftsaussichten er haben wird. Experten für geistiges Eigentum werden mit Sicherheit zu den Gewinnern der digitalen Revolution gehören.

Trend neun. *Digitales Marketing.* Dieser Wirtschaftsbereich erfordert besonders wenige Voraussetzungen an formalen Bildungsabschlüssen. Für ihn gilt wirklich nur: »Tu es einfach«.

Wer mit der digitalen Revolution aufsteigen will und dabei auf digitales Marketing setzt, sollte alles Nötige über das Management von Internetseiten und Social-Media-Plattformen lernen und sich grundlegende Programmierkenntnisse aneignen.

Die Grundlagen des digitalen Marketings lassen sich einfach und spielerisch erlernen. Wer jetzt einsteigt, wird bald zu den gefragtesten Mitarbeitern gehören, weil er derjenige sein wird, der den Umsatz bringt. Am begehrtesten werden jene sein, die sowohl die technischen Seiten des digitalen Marketings beherrschen als auch kreativ sind.

Trend zehn. *Corporate Entrepreneurship.* Innovation in der digitalen Wirtschaft ist auch für die klassischen Konzerne zu einer Frage des Überlebens geworden. Gleichzeitig würgen Konzernbürokratie und etablierten Machtstrukturen solche Innovationen ab. Wenn beispielsweise eine Bank ein FinTech-Unternehmen gründet, das die Bankfilialen gefährdet, werden sich die mächtigen Filialleiter dagegen wehren, weil ihr Einfluss sinkt und ihre Margen schwinden.

Menschen, die wissen, wie sich neue Geschäftsmodelle in einer klassischen Konzernstruktur umsetzen und etablieren lassen, werden deshalb eine glänzende Zukunft haben. Ein erfolgreiches Beispiel dafür, wie das geht, ist übrigens die Axel Springer AG, die als klassisches Medienunternehmen als eines der ersten vom digitalen Wandel betroffen war und heute mehr als 70 Prozent ihres Umsatzes mit digitalen Produkten macht.

Trend elf. *IT-Ethik*. Eine bisher unterschätzte Zukunftsbranche der digitalen Welt wird Chancen zum Beispiel für Philosophen, Theologen oder Politikwissenschaftler bringen. Denn die immer tiefgreifenderen ethischen Fragen, mit denen die digitale Revolution die Gesellschaft in immer kürzeren Abständen konfrontiert, muss jemand beantworten. Einige habe ich schon genannt, doch es werden stetig neue dazukommen. Dazu gehören auch die folgenden Fragen:

Wie geht die Gesellschaft damit um, dass in jedem Geschäftsbereich nur noch wenige Firmen Geld verdienen und der Rest sehen muss, wo er bleibt?

Wie verhält sich eine Gesellschaft, in der nur noch die Hälfte der arbeitsfähigen Menschen tatsächlich Arbeit hat? Was ist ein lebenswertes Äquivalent zu Arbeit, das dem Recht jedes Menschen auf ökonomische Sicherheit und persönliche Entwicklung gerecht wird?

Was passiert, wenn immer weniger geographische Punkte immer größere Teile der globalen Wirtschaftsleistung auf sich konzentrieren?

Wie lässt sich der Respekt vor der Privatsphäre jedes
Individuums mit der Beschaffung, der Analyse und
der Verwertung aller dieses Individuum betreffenden
Daten in Einklang bringen?
Welche Art von Kommunikation und welche Datena-
nalyse hält vor einem Gericht stand beziehungsweise
ist als Beweismittel zulässig?

Welches Recht ist anzuwenden, wenn ein Täter, der in
Moskau oder Barcelona sitzt, ein digitales Verbrechen
begeht, dessen Opfer in Deutschland oder der Schweiz
leben? Was ist, wenn sich die Rechtssysteme der
beiden Länder widersprechen?

Welche technische Entwicklung bis zu welchem Grad
ist der Menschheit noch dienlich?

Was heißt das überhaupt: Es ist der Menschheit
dienlich?

Ist es der Menschheit dienlich, wenn wir alle 140
Jahre alt werden und die Genetik so manipulieren, dass wir
nur unsere Wunschkinder bekommen? Welchen Einfluss
hat das auf unsere Gesellschaftssysteme?

Wollen wir wirklich der Cyborg sein, der bei der
Entwicklung einer Schnittstelle zwischen Gehirn und
Computer entsteht?

Heute stellen und beantworten diese Fragen meist IT-Manager, einfach deshalb, weil sie am besten verstehen, was technisch schon jetzt möglich ist, was möglich sein wird und wie das die Gesellschaft verändern wird. Geeignet für die Lösung dieser Aufgabe sind sie aber nicht. Wer also ein gutes Verständnis der digitalen Welt, der Politik und der Philosophie hat, findet hier ein wachsendes Betätigungsfeld vor. Denn die digitalen Giganten werden nicht nur einzelne IT-Ethiker beschäftigen, sondern ganze darauf spezialisierte Abteilungen besitzen.

Bei Facebook müssen sie dann Antworten auf die Frage entwickeln, was es für die Meinungsbildung bedeutet, wenn die Plattform ihren Nutzern immer nur die zu ihnen passenden Informationen zuspielt. Denn so bleiben die Nutzer in ihren eigenen Blasen gefangen, was einer objektiven Meinungsbildung schadet. Bei den Spieleplattformen müssten IT-Ethiker unter anderem Fragen über die Ausbeutung des Suchtpotentials und über die systematische Verdummung ganzer Bevölkerungsschichten beantworten können.

SCHLUSSWORT

Die digitale Revolution entzieht der Mittelschicht die ökonomische, intellektuelle und kulturelle Basis. Das ist die schlechte Nachricht. Doch für alle, die in der künftigen Gesellschaft statt zu den vielen Armen zu den wenigen Reichen gehören wollen, gibt es auch ein paar gute Nachrichten.

Gute Nachricht eins. *Die Digitalisierung macht Spaß und ist erfüllend.* Es macht Freude, etwas selbst zu erfinden, zu entwickeln und das eigene Baby groß zu machen. Wer das mit vollem Einsatz und Elan tut, bekommt von seinen Kunden, von seinen Mitarbeitern und von völlig fremden Menschen viele positive Rückmeldungen und positive Energie.

Gute Nachricht zwei. *Es war noch nie so einfach, mit wenig Kapitaleinsatz ein Unternehmen aufzubauen und auf einem globalen Markt zu agieren.* Jeder kann in der digitalen Welt viel Geld verdienen, ganze Branchen revolutionieren und neue Industrien gestalten.

Es gibt bereits tausende Beispiele dafür, wie Menschen das ohne aufwendige Ausbildung und ohne reiche Eltern geschafft haben.

Wer zum Beispiel ein Restaurant eröffnen will, benötigt mehrere hunderttausend Euro für den Makler, die Kaution, die Umbauarbeiten und die Bewilligungen. Das alles kann zudem zwei Jahre dauern, etwa wenn es das Einverständnis der Nachbarschaft einzuholen gilt.

Bei einem digitalen Start-up ist das ganz anders. Mit 10.000 bis 100.000 Euro Startkapital lässt sich schon einiges erreichen und es geht verdammt schnell. Nach zwei Jahren kann ein Start-up schon 50 Mitarbeiter haben und in mehreren Ländern aktiv sein. Der Gründer muss sich bloß vor den Computer setzen und einfach loslegen. Die digitale Wirtschaft ist noch so neu und voller junger Menschen mit Tatendrang, dass es dort bisher weniger Bürokratie, Regulierungen, Papierkram und zeitraubende Formalismen gibt.

Gute Nachricht drei. *Viele digitale Projekte sind unabhängig von Ort und Zeit.* Wer sich ein digitales Geschäft aufgebaut hat, kann es teilweise von einem Strand auf den Seychellen oder von einem Blockhaus in Kanada aus betreiben, wenn er das will. Außerdem muss er sich an keine fixen Arbeitszeiten halten, was den Vorteil hat, dass sich ein digitales Geschäft gut auch neben einem klassischen Job entwickeln lässt.

Gute Nachricht vier. *Jedes digitale Geschäft steigert den Markt-wert seines Betreibers.* Denn mindestens ebenso wichtig wie der Wert, den Betreiber eines digitalen Start-ups mit ihrem Unternehmen schaffen und die Umsätze, die sie damit er-zielen, sind die Erfahrungen, die sie dabei machen. Selbst wenn sie ihre Idee nicht durchsetzen können, erwerben sie bei dem Versuch Fähigkeiten, die am Arbeitsmarkt dringend gebraucht werden.

Gute Nachricht fünf. *Es gibt in der digitalen Welt praktisch nach allem, das jemand wirklich tun möchte und in dem er wirklich gut ist, eine Nachfrage.* Egal, ob jemand Spezialist für Feuerwehrautos ist oder sich als Tierpsychologe besonders gut mit depres-siven Wellensittichen auskennt, er wird seine Community finden.

Wer sich für eine bestimmte Oldtimer-Marke interessiert, kann einen Blog darüber aufbauen. Wenn er authentisch und unterhaltsam ist, wird seine Nutzerbasis bald wachsen. Sobald genügend Besucher die Seite aufrufen, kann er Ersatz-teilanbieter kontaktieren, ihre Angebote auflisten und dafür von ihnen Geld verlangen. Jemand, der einen Oldtimer der betreffenden Marke verkaufen möchte, wird gut daran tun, ihn auf dieser Seite anzubieten.

Innerhalb eines Online-Spiels hatte die Schülerin eine virtuelle Prostituierte entwickelt, die virtuellen Freiern gegen virtuelles Geld zu Diensten war. Irgendwann hatte sie die Op-tion gewählt, mit der sie dieses virtuelle Geld in reales Geld verwandeln konnte.

Anders ausgedrückt: In der digitalen Wirtschaft herrscht Goldgräberstimmung. Jeder kann gewinnen. Die einzige Voraussetzung ist es, mitzuspielen, und dann geht es um Ehrgeiz, Fleiß, Disziplin, Engagement und Kreativität, alles Tugenden, die sich wie von selbst einstellen, wenn etwas Spaß macht. Wer motiviert ist, sich anzustrengen, wer Spaß daran hat, bestehende bürokratische Strukturen zu durchbrechen und bestehende Märkte, Industrien und ganze Geschäftszweige umzugestalten, wer eine Vision hat, durch seine unternehmerische Tätigkeit etwas Positives zu bewirken, dem stehen goldene Zeiten bevor.

Gerald Hörhan

INVESTMENT
punk

Warum ihr schuftet und wir reich werden.

edition a

Gerald Hörhan
Investment Punk
Warum ihr schuftet und wir reich werden

Ein Investmentbanker schlägt zurück: Die Mittelschicht
ist selbst schuld an ihrer finanziellen Lage, sie handelt
dumm. Wir sind Konsumidioten und liefern uns so dem
Finanzsystem aus. Kleinanleger lassen sich abzocken.
Wahrer Leistungswille fehlt. Wir wollen frei sein, sind
aber durch Schulden gefesselt. Kurzweilig, provokant und
schonungslos – hier erfahren Sie, wie Sie endlich zu den
Gewinnern gehören!

isbn 978-3-99001-008-2
192 Seiten, eur 19,95

Gerald Hörhan

GEGEN gift

Wie auch die Zukunft gestohlen wird.
Was ihr dagegen tun könnt.

edition a

Gerald Hörhan
Gegengift
Wie euch die Zukunft gestohlen wird.
Was ihr dagegen tun könnt.

Sparen bei der Bildung, schwieriger Arbeitsmarkt und
keine Chance auf staatliche Altersversorgung mehr.
Jetzt halst Europa den jungen Menschen auch noch die
Kosten für den Reformstau auf. Denn die Rechnung
für die Krisen in Griechenland, Irland und Portugal
bezahlen am Ende sie. Nach seinem Bestseller »Investment Punk Warum ihr schuftet und wir reich werden«
rüttelt der Investment-Banker und Punk Gerald Hörhan
die jungen Generationen auf und sagt, wie sie sich
wehren können. Eine gewohnt provokante Ansage des
Harvard-Absolventen, der gerne mit Irokesenfrisur und
Lederkluft auftritt und dabei im Aston Martin vorfährt.

ISBN 978-3-99001-029-7
192 Seiten, EUR 19,95